跟我学
电脑办公

华杰科技 编著

U0128860

人民邮电出版社

北京

图书在版编目（CIP）数据

跟我学电脑办公 / 华杰科技编著. —北京：人民邮电出版社，2009.4
ISBN 978-7-115-19726-9

Ⅰ. 跟… Ⅱ. 华… Ⅲ. 办公室—自动化—应用软件—基本知识 Ⅳ. TP317.1

中国版本图书馆CIP数据核字（2009）第014232号

内 容 提 要

　　本书是"跟我学"丛书之一，针对初学者的需求，从零开始，系统全面地讲解了现代化电脑办公的基础知识、问题解答与操作技巧。

　　全书共分为 11 章，主要内容包括：Office 2003 快速上手、Word 2003 操作入门、Word 2003 操作进阶、Excel 2003 操作入门、Excel 2003 操作进阶、PowerPoint 2003 操作入门、PowerPoint 2003 操作进阶、Office 2003 协同办公、经典办公实例制作、常用办公软、硬件应用、Office 2003 常用操作技巧与问题解答等内容。

　　本书内容翔实、通俗易懂，实例丰富、步骤详细，图文并茂、以图析文，版式精美、适合阅读。

　　本书非常适合希望学习电脑办公的电脑新手及办公人员选用，也可作为高职高专相关专业和电脑短训班的培训教材。

跟我学电脑办公

◆　编　　著　华杰科技
　　责任编辑　刘建章

◆　人民邮电出版社出版发行　　北京市崇文区夕照寺街 14 号
　　邮编 100061　电子函件 315@ptpress.com.cn
　　网址 http://www.ptpress.com.cn
　　北京昌平百善印刷厂印刷

◆　开本：787×1092　1/16
　　印张：15.5
　　字数：374 千字　　　　　　　　2009 年 4 月第 1 版
　　印数：1 – 5 000 册　　　　　　　2009 年 4 月北京第 1 次印刷

ISBN 978-7-115-19726-9/TP

定价：20.00 元

读者服务热线：(010)67132692　印装质量热线：(010)67129223
反盗版热线：(010)67171154

前　言

当今时代是一个信息化的时代，电脑作为获取信息的首选工具已被更多的朋友所认同。人们可以通过电脑进行写作、编程、上网、游戏、设计、辅助教学、多媒体制作和电子商务等工作，因此，学习与掌握电脑相关知识和应用技能已迫在眉睫。

全新推出的"跟我学"丛书在保留原版特点的同时又新增了许多特色，以满足广大读者的实际需求。

丛书主要内容

"跟我学"丛书涵盖了电脑应用的常见领域，从计算机知识的大众化普及到入门读者的必备技能，从生活娱乐到工作学习，从软件操作到行业应用；无论是一般性了解与掌握，还是进一步深入学习，读者都能在"跟我学"丛书中找到适合自己学习的图书。

"跟我学"丛书第一批书目如下表所示。

跟我学电脑	（配多媒体光盘）	跟我学上网
跟我学五笔打字	（配多媒体光盘）	跟我学 Excel 2003
跟我学电脑操作		跟我学电脑故障排除
跟我学电脑组装与维护		跟我学电脑应用技巧
跟我学电脑办公		跟我学 Photoshop CS 3 中文版　（配多媒体光盘）
跟我学系统安装与重装		跟我学 AutoCAD 2008 中文版　（配多媒体光盘）

丛书特点

层次合理、注重应用： 本套丛书以循序渐进、由浅入深的合理方式向读者进行电脑软硬件知识的讲述。根据丛书以"应用"为重点的编写原则，将全书分为基础内容讲解与实战应用两部分。

图解编排、以图析文： 在介绍具体操作的过程中，每一个操作步骤后均附上对应的插图，在插图上还以"1"、"2"、"3"等序号标明了操作顺序，便于读者在学习过程中能直观、清晰地看到操作的效果，易于读者理解和掌握。

书盘结合、互动学习： 本套丛书根据读者需求，为部分图书制作了多媒体教学光盘，该光盘中的内容与图书内容基本一致，用户可以跟随光盘教学内容互动学习。

本书学习方法

我们在编写本书时，非常注重初学者的认知规律和学习心态，从语言、内容和实例等方面进行了整体考虑和精心安排，确保读者理解和掌握书中全部知识，快速提高自己的电脑应用水平。

- 语言易懂 —— 在编写上使用了平实、通俗的语言帮助读者快速理解所学知识。
- 内容翔实 —— 在内容上由浅入深、由易到难，采用循序渐进的方法帮助读者迅速入门，达到最佳的学习状态。
- 精彩实例 —— 为了帮助初学者提高实际应用能力，本书还精心挑选了大量实例，读者只需按照书中所示实例进行操作，即可轻松掌握相应的操作步骤和应用技巧。
- 精确引导 —— 在实例讲解过程中，本书使用了精确的流程线和引导图示，引导读者轻松阅读。

本书在编排体例上，注重初学者在学习过程中那种想抓住重点、举一反三的学习心态，每章的正文中还安排了"经验交流"与"一点就透"，让读者可以轻松学习。

- 经验交流 —— 对初学者在学习中遇到的问题进行专家级指导和经验传授。
- 一点就透 —— 对相关内容的知识进行补充、解释或说明。

本书由华杰科技集体创作，参与编写的人员有刘贵洪、李林、金卫臣、叶俊、贾敏、王莹芳、程明、李勇、冯梅、邓建功、金宁臣、潘荣、王怀德、吴立娟、苏颜等。

由于时间仓促和水平有限，书中难免有疏漏和不妥之处，敬请广大读者和专家批评指正，来函请发电子邮件：liujianzhang@ptpress.com.cn（责任编辑）或 xuedao007@163.com（编者）。

编者

2008 年 12 月

目 录

第 1 章　Office 2003 快速上手

1.1　Microsoft Office 2003 简介

微软公司出品的 Microsoft Office 是当今最具影响力、最流行的办公软件。微软作为一家研发公司，不仅凭借 Windows 占据了桌面操作系统的大半江山，而且还有着 Office 系列这款统领办公系统软件的巨头。

Microsoft Office
2003 安装程序

1.1.1　Microsoft Office 发展历程

在成功推出 Microsoft Office 2000 之后，Microsoft 公司又推出了功能更为强大的 Microsoft Office XP。新版 Microsoft Office XP 对用户界面做了进一步改进，它的外观更时尚、操作更方便、运行速度更快，在操作的简易性、工作的协同性和应用的空间性等方面都有较大的改进。

同时，Office XP 对原有组件的功能做了进一步的扩充和增强，这主要集中在增加了语音输入、语音控制功能、支持手写体输入、支持 Internet/Intranet。

继 Microsoft Office XP 之后，微软公司推出了 Office 集成办公套件的又一新版本——Microsoft Office 2003。

该软件继承了以往所有版本的优秀特性，大幅度地增强了各个组件的功能，还增加了 One Note 2003、Info Path 2003 等多种专业领域组件，拓宽了它的应用领域。虽然微软公司新近推出了最新版本 Microsoft Office 2007，但效果并不十分理想。

1.1.2　Microsoft Office 特点

Microsoft Office 可以作为现代化电脑办公和管理的平台，以提高使用者的工作效率和决策能力。在 Office 中各个组件仍有着比较明确的分工。

- ❖ Word 主要用来进行文本的输入、编辑、排版和打印等工作。
- ❖ Excel 主要用来进行有繁重计算任务的预算、财务、数据汇总等工作。
- ❖ PowerPoint 主要用来制作演示文稿和幻灯片及投影胶片等。
- ❖ Access 主要用于数据库处理。
- ❖ Outlook 主要用于邮件管理。

1.2 安装与启动、退出 Office 2003

在使用 Microsoft Office 2003 软件之前，先要安装该软件。安装完成后，还要了解如何启动与退出该软件。下面分别进行介绍。

1.2.1 安装 Microsoft Office 2003

在安装 Microsoft Office 2003 之前，应先检查你的计算机系统是否能够满足安装的要求。Microsoft Office 2003 对系统的要求如下。

- ❖ Pentium 233（或更高频率）CPU 处理器。
- ❖ 装有 Service Pack 3 以上版本的 Windows 2000 或 Windows XP，或更新的操作系统。
- ❖ 推荐使用 128MB 或更高的内存。
- ❖ 400MB 硬盘空间（硬盘使用空间的大小取决于系统配置）。
- ❖ 如果选择安装文件缓存（推荐使用），需要额外的 290MB 硬盘空间。
- ❖ Super VGA 800 像素×600 像素或更高分辨率的显示器。

如系统已经满足 Microsoft Office 2003 的安装要求，可将 Microsoft Office 2003 的安装光盘放入光驱，安装程序即可自动开始执行。在安装过程中的具体操作如下。

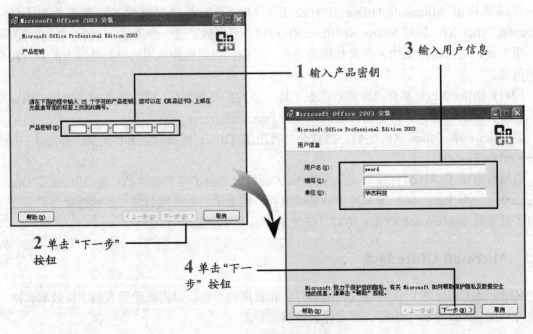

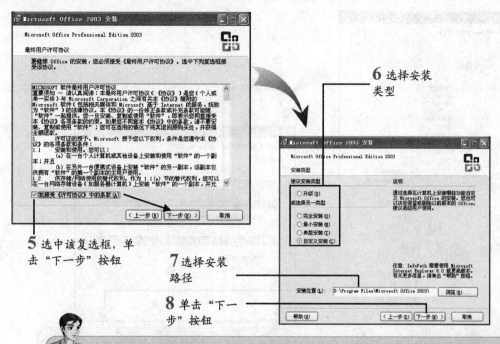

6 选择安装
类型

5 选中该复选框，单
击"下一步"按钮

7 选择安装
路径

8 单击"下一
步"按钮

◆ 选择"典型安装"或"完全安装"后，安装程序将安装 Microsoft Office 2003 的全
部组件。如果用户根据需要有选择性地安装 Office 组件，则可以选择"自定义安
装"单选按钮。

一点就透

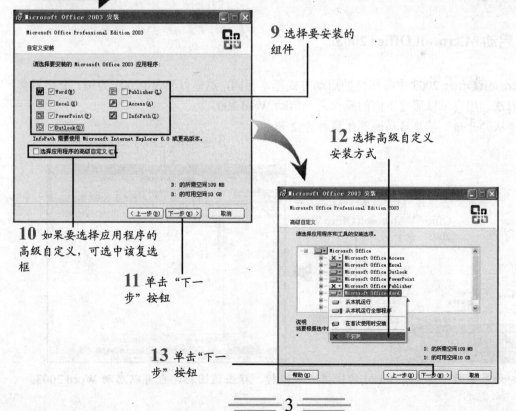

9 选择要安装的
组件

12 选择高级自定义
安装方式

10 如果要选择应用程序的
高级自定义，可选中该复选
框

11 单击"下一
步"按钮

13 单击"下一
步"按钮

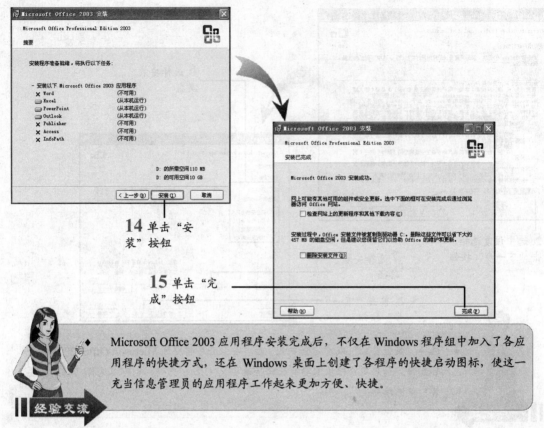

14 单击"安装"按钮

15 单击"完成"按钮

◆ Microsoft Office 2003 应用程序安装完成后，不仅在 Windows 程序组中加入了各应用程序的快捷方式，还在 Windows 桌面上创建了各程序的快捷启动图标，使这一充当信息管理员的应用程序工作起来更加方便、快捷。

经验交流

1.2.2 启动 Microsoft Office 2003

Microsoft Office 2003 中各组件的启动方式基本相同，这里以 Word 2003 为例，介绍具体的启动方法。用户可以通过下面的操作之一启动 Word 2003。

❖ 从"开始"菜单启动的具体操作方法如下。

3 进入 Word 2003 工作界面

2 选择"所有程序"|"Microsoft Office"|"Microsoft Office Word 2003"命令

1 单击"开始"按钮

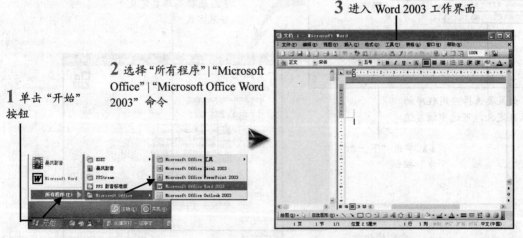

❖ 如果桌面上建立有 Word 的快捷方式图标，双击该图标，也可以启动 Word 2003。

1.2.3 退出 Microsoft Office 2003

当编辑完 Word 2003 后，可通过下面任意一种方法来退出 Word 2003 程序。

❖ 单击程序窗口右上角的 "关闭" 按钮⊠，即可关闭 Word 2003。

❖ 选择 "文件" | "退出" 命令，即可关闭 Word 2003。

❖ 双击程序窗口左上角的控制菜单图标⬛，也可关闭 Word 2003。

1.3   使用帮助功能

Word 2003 具有强大的联机帮助功能，用户在使用 Word 的过程中，可以通过多种途径来获取帮助信息。

1.3.1 使用 "提出问题" 框

"提出问题" 框位于 Word 程序窗口的右上角。用户可以通过它方便、快速地查找帮助信息。使用 "提出问题" 框的具体操作步骤如下。

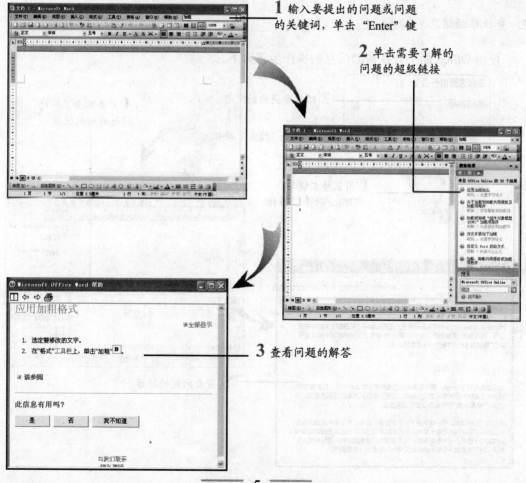

1 输入要提出的问题或问题的关键词，单击 "Enter" 键

2 单击需要了解的问题的超级链接

3 查看问题的解答

1.3.2　使用 Office 助手

　　Office 助手也是一个很好的帮助信息来源，它可以通过用户正在进行的工作，判断用户可能会遇到的问题，提供相应的帮助主题。

1. 显示 Office 助手

　　显示或隐藏 Office 助手的具体操作如下。

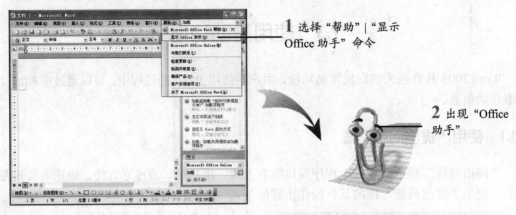

1 选择"帮助"|"显示 Office 助手"命令

2 出现"Office 助手"

2. 查找帮助信息

　　使用 Office 助手查找帮助信息的操作步骤如下。

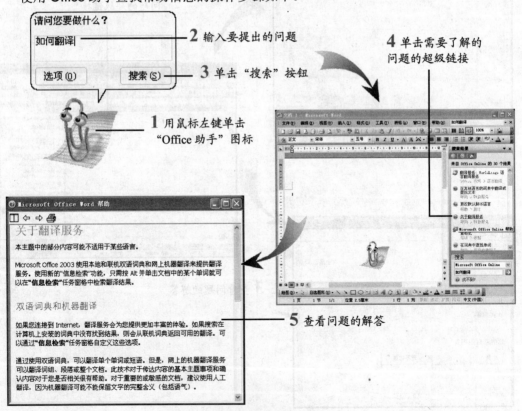

2 输入要提出的问题

3 单击"搜索"按钮

4 单击需要了解的问题的超级链接

1 用鼠标左键单击"Office 助手"图标

5 查看问题的解答

3. 更换 Office 助手

如果用户觉得"Office 助手"的别针形状不好看，还可以通过下面的操作更换"Office 助手"形象。

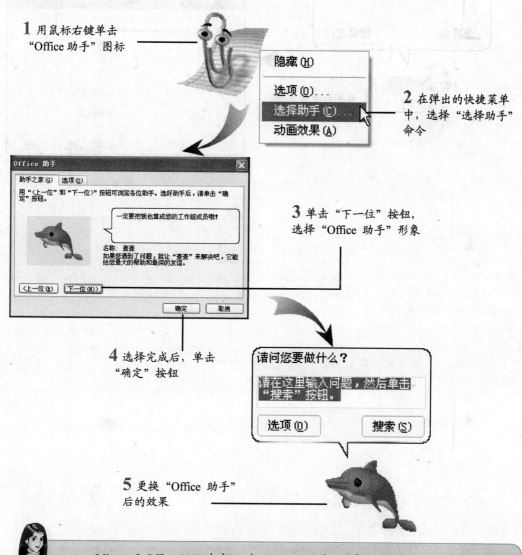

1 用鼠标右键单击
"Office 助手"图标

2 在弹出的快捷菜单中，选择"选择助手"命令

3 单击"下一位"按钮，选择"Office 助手"形象

4 选择完成后，单击"确定"按钮

5 更换"Office 助手"后的效果

◆ Microsoft Office 2003 中有 11 个"Office 助手"形象可供选择。不同的形象，其功能是完全相同的。不过，在用户用鼠标右键单击形象时，在弹出的菜单中选择"动画效果"命令，其动画效果根据形象的不同而有所改变。

经验交流

4. 关闭 Office 助手

如果需要关闭"Office 助手"，用户可以通过下面的操作来完成。

如果需要关闭"Office 助手"，用户可以通过下面的操作来完成。

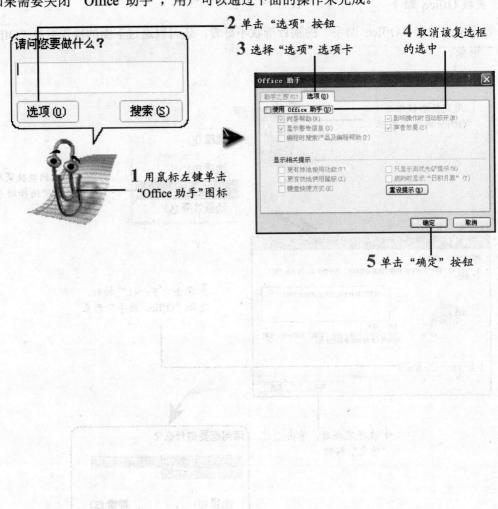

2 单击"选项"按钮

3 选择"选项"选项卡

4 取消该复选框的选中

1 用鼠标左键单击"Office 助手"图标

5 单击"确定"按钮

第 2 章　Word 2003 操作入门

2.1　Word 2003 工作界面与视图方式

每次启动 Word 2003 时，首先看到的就是 Word 2003 的工作界面，下面就来介绍 Word 2003 的工作界面与视图方式。

2.1.1　Word 2003 的工作界面

启动 Word 2003 后，即可看到其工作界面，该界面主要包括标题栏、菜单栏、工具栏、标尺、编辑区、滚动条、状态栏和任务窗格等几个部分。

Word 2003 工作界面中常用部分的名称及功能如下。

❖ 标题栏：显示在窗口的最顶端，显示正在编辑的文档标题或程序名。

❖ 菜单栏：显示在标题栏下面，菜单栏中通过分类组织的命令菜单，供用户选择各种操作命令。

❖ 工具栏：工具栏中只显示常用的命令按钮，单击这些按钮，可以完成相应的操作。用户可以根据自己的需要调出其他工具按钮。方法是选择"视图"菜单中的"工具栏"命令，在其下一级菜单中选择所需的工具项，如"常用"、"格式"和"绘图"等。

❖ 标尺：编辑区横向和纵向各有一条标有数字和刻度的工具尺，用于在工作窗口中进行定位。标尺包括水平标尺和垂直标尺两种，分别位于文档窗口的上边和左边，使用标尺可以快速改变段落缩进。

❖ 编辑区：显示在窗口中央，即编辑工作区，是用于编辑或显示文档的工作区域。

❖ 视图按钮：文档在窗口中有不同的显示方式，称为"视图"。在 Word 2003 工作窗口的左下角有 4 个视图按钮：▤（普通视图）、▧（Web 版式视图）、▤（页面视图）和▥（大纲视图）。在编辑文档时单击相应的按钮，即可切换到相应的视图。

❖ 滚动条：滚动条有垂直滚动条和水平滚动条两种，分别位于编辑窗口的右边和下边。拖动滚动条，可以滚动编辑窗口中的文档内容。

❖ 任务窗格：位于 Word 2003 窗口的右侧，提供了多种任务的常用命令，包括"新建文档"、"剪贴板"、"剪贴画"和"样式和格式"等。

❖ 状态栏：位于窗口的底端，显示当前文档的某些状态信息，如当前的页号和行号等。

2.1.2　Word 2003 的视图方式

Word 在文档窗口显示文档的方式称之为视图方式。常用的视图有 4 种：普通视图、Web 版式视图、页面视图和大纲视图。

单击"视图"菜单下的某个视图命令，可以显示出对应的视图显示方式。也可以通过单击 Word 窗口左下角的视图按钮进行切换。

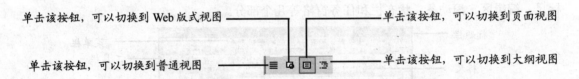

❖ 普通视图：普通视图是 Word 中常用的显示方式之一，它对输入、输出及滚动条命令的响应速度比其他几种视图明显要快，能够显示大部分的字符、段落格式，最适合于普通文本的输入和编辑工作。

❖ Web 版式视图：Web 版式视图是编辑 Web 网页时使用的视图，它是优化了的在线阅读版式，不管正文显示多大，文字显示比例多少，都会永远自动换行以适应窗口大小，而不显示为实际打印的形式。

❖ 页面视图：页面视图显示文档与打印出来的样式一样，分页符被形象的页边界所代替。不但所有文字和图形都定位在要打印的位置上，而且页眉和页脚都显示在打印的位置上，最适合于编辑和排版工作。

❖ 大纲视图：大纲视图是一种用缩进文档标题方式来代表它们在文档中级别的显示方式。大纲视图使得用户能方便地在文档中进行页面跳转、修改标题等，最适合于文档结构的重组。

2.2　Word 2003 文档操作

熟悉了 Word 2003 的窗口组成后，接下来介绍 Word 2003 的基本操作，主要包括文档的新建、输入、保存、打开和关闭等。

2.2.1　新建文档

通常，新建文档可以直接新建空白文档、使用模板创建新文档、使用向导新建文档、根据原有文档新建文档。下面就来介绍如何直接新建空白文档。

在 Word 2003 中新建空白文档，有以下几种方式。

❖　单击"常用"工具栏中的"新建空白文档"按钮，即可创建空白 Word 文档。

❖　在菜单栏中选择"文件"|"新建"命令，即可新建空白 Word 文档。

❖　在键盘上按下"Ctrl+N"组合键，也可新建空白 Word 文档。

2.2.2　输入文本

文本的输入是 Word 中最基本的文本编辑操作，在 Word 中输入文本时，需注意以下几点。

❖　将光标定位到要输入文字的位置，即可在光标位置处输入文本。

❖　在输入英文字母以及键盘上的符号时，只需按键盘上的相应键即可输入。

❖　在输入中文时，需先选择中文输入法，然后再输入文本。

❖　在输入文本时，同一段文本之间不需要分行。当输入的内容超过页面宽度后，Word 会自动换行。当录入完一段文字后，按下"Enter"键即可换行。

2.2.3　选择文本

在 Word 中的许多操作都需要先选定文字，然后才能进行相应的操作，被选定的文本底色为黑色。

将光标定位到要选定的文字前，然后按住鼠标左键拖动到选定文字的末尾，松开鼠标左键后，被选定的文字将呈现出黑底白字。

被选择的文本

使用鼠标选取时，还可以针对不同的文字有不同的方法。

❖　选定一个字：先将光标定位到要选择文字的左侧或右侧，然后移动光标到相反的一侧。

❖　选定一个词：将光标定位到要选择的词的中间，双击鼠标左键。

❖　选定一句话：按住"Ctrl"键，然后在需要选择的句子中的任意位置单击鼠标左键。

❖　选定一行：将光标移动到行首，当光标变为向右倾斜的箭头时单击鼠标左键。

❖　选定一段：在需要选择的段落中的任意位置连击三次鼠标左键即可。

❖　选定任意数量的文本：在需要开始选择的位置处单击鼠标左键，按住鼠标左键在要选择的文本上拖动光标到目标位置。

❖　选定全部：将光标移动到要选择的文本左侧，当光标变为向右倾斜的箭头时连击三次鼠标左键即可。

2.2.4 移动文本

在编辑文档的过程中，经常会需要改变文字的顺序、将所选文本移动到需要的位置等。移动文本可通过菜单命令和鼠标来完成。

1. 通过菜单命令来移动文本

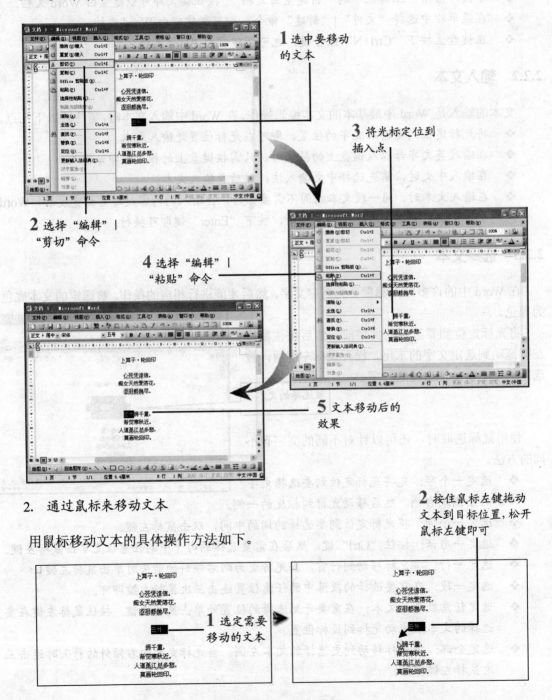

1 选中要移动的文本

2 选择"编辑"|"剪切"命令

3 将光标定位到插入点

4 选择"编辑"|"粘贴"命令

5 文本移动后的效果

2. 通过鼠标来移动文本

用鼠标移动文本的具体操作方法如下。

1 选定需要移动的文本

2 按住鼠标左键拖动文本到目标位置，松开鼠标左键即可

2.2.5　复制文本

选定文本后，可通过一些简单的操作，将选定的文本复制到另一个地方，这里以通过剪贴板复制文本为例，介绍具体的操作方法。

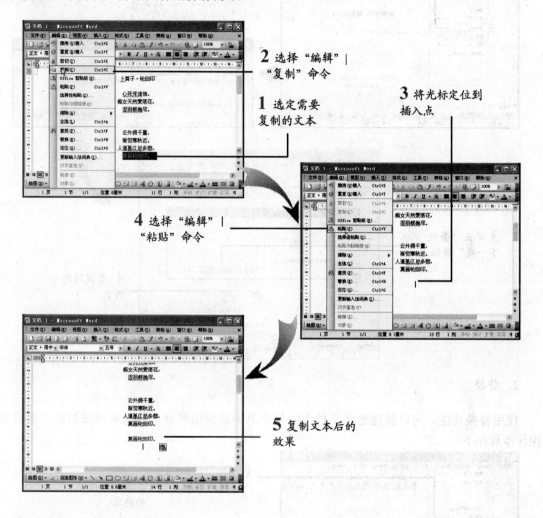

2.2.6　查找与替换文本

在文档编辑过程中，经常要查找某些内容，或对某一内容进行替换。对于内容较多的文档，如果逐字逐句地一个个查找或替换，不仅费时费力，而且容易出现差错。

通过 Word 2003 的查找或替换功能，可以方便地在文本中进行查找与替换操作。查找和替换文本的具体操作方法如下。

1. 查找

通过查找功能，可以快速地搜索特定单词或短语在文档中的位置，其具体操作步骤如下。

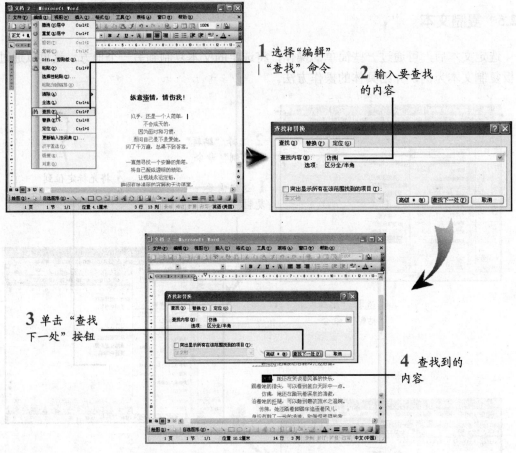

1 选择"编辑"｜"查找"命令

2 输入要查找的内容

3 单击"查找下一处"按钮

4 查找到的内容

2. 替换

使用替换功能，可以快速地将文档中的某个单词或短语替换为其他单词或短语，其具体操作步骤如下。

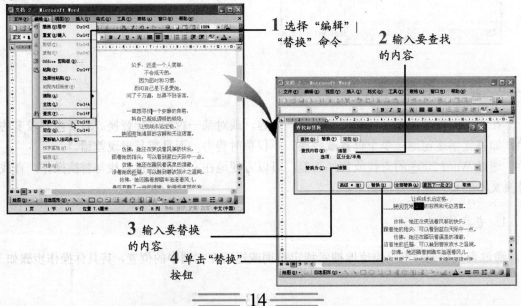

1 选择"编辑"｜"替换"命令

2 输入要查找的内容

3 输入要替换的内容

4 单击"替换"按钮

2.2.7　撤销与恢复文本

撤销和恢复操作在 Word 文档编辑中具有非常重要的作用，如果进行了某个错误的操作，可以通过该操作撤销，以将其恢复。

1．撤销操作

单击快速访问栏中的"撤销"按钮，可以撤销错误的操作；单击按钮右侧的下拉箭头，可以在"操作撤销"列表中查看撤销记录。

2．恢复操作

单击快速访问栏中的"恢复"按钮，可以恢复撤销的操作，单击按钮右侧的下拉箭头，可以在"恢复操作"列表中查看恢复记录。

2.2.8　保存文档

对于编辑完成后的文档，需要即时保存，避免遇到电脑突然死机、停电等突发事件。下面就来介绍如何保存 Word 文档，其具体操作步骤如下。

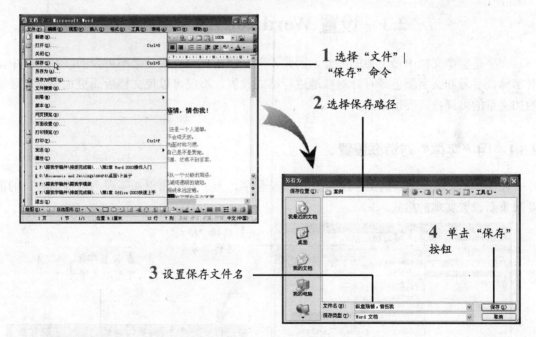

2.2.9　打开文档

如果要使用以前保存过的文档，或者要对以前的文档进行修改，就需要打开该文档，打开文档的具体操作方法如下。

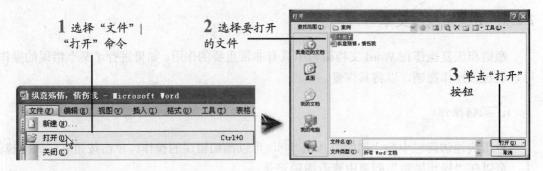

1 选择"文件"｜"打开"命令

2 选择要打开的文件

3 单击"打开"按钮

2.2.10 关闭文档

可通过下面任意一种方法来关闭 Word 文档。

❖ 选择"文件"菜单中的"关闭"命令。

❖ 单击标题栏左边的控制菜单图标，在其中选择"关闭"命令。

❖ 直接单击菜单栏最右边的"关闭"按钮。

❖ 直接按下快捷键"Alt+F4"。

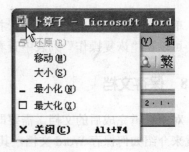

2.3　设置 Word 2003 文字格式

文字是整个文档中最主要的部分，因此，对文字格式的设置是必不可少的。在文档中，对字体、字号和文字颜色等有针对性地进行格式设置，不仅可以使文档版面更加美观，还能增加文章的可读性，突出重点。

2.3.1　用"字体"对话框设置

在 Word 文档中输入的文字默认为宋体 5 号字，为了使版面更加美观，可根据自己的需要来重新设置文本的格式。

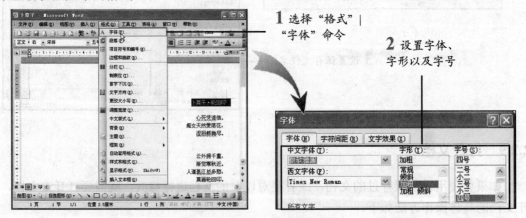

1 选择"格式"｜"字体"命令

2 设置字体、字形以及字号

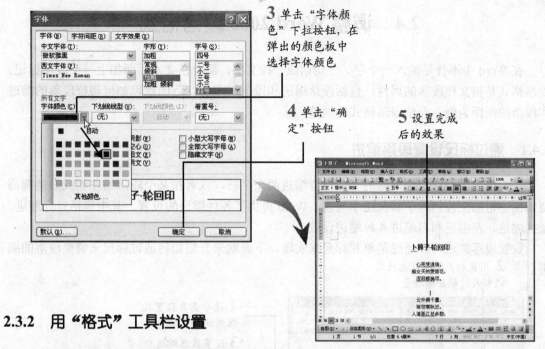

3 单击"字体颜色"下拉按钮,在弹出的颜色板中选择字体颜色

4 单击"确定"按钮

5 设置完成后的效果

2.3.2 用"格式"工具栏设置

文本格式不但可以通过对话框来进行设置,还可以通过"格式"工具栏来进行设置,具体的操作方法如下。

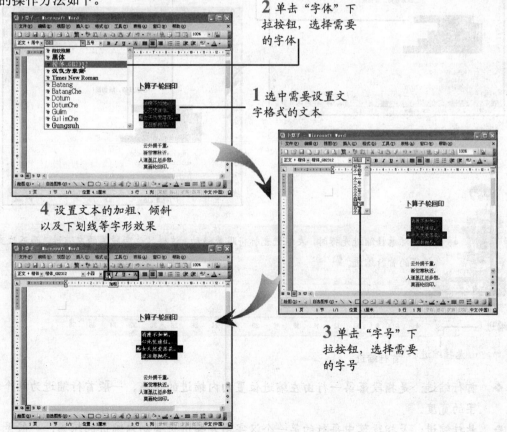

2 单击"字体"下拉按钮,选择需要的字体

1 选中需要设置文字格式的文本

4 设置文本的加粗、倾斜以及下划线等字形效果

3 单击"字号"下拉按钮,选择需要的字号

2.4 调整 Word 2003 段落格式

在 Word 中不管是输入一个字、一句话或一段文字，都会在文本后面加上一个段落标记。段落格式是指文档段落的属性，包括段落缩进和段落间距等。下面就以如何调整段落的缩进和段落的间距为例，介绍段落格式的调整。

2.4.1 通过标尺设置段落缩进

一般情况下，在每个段落的开头都要缩进两个字符，或者在某个段落的左侧或右侧都需要留出一定的空位，为了解决这个问题，Word 提供了各种缩进的设置，其中包括首行缩进、悬挂缩进、左缩进和右缩进 4 种缩进设置。

设置段落缩进可以通过菜单和标尺来实现，下面就来介绍如何通过标尺来调整段落的缩进。

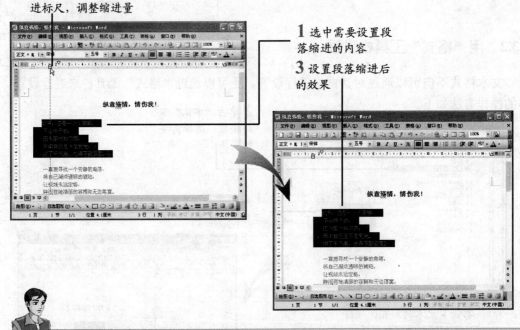

2 用鼠标左键按住悬挂缩进标尺，调整缩进量

1 选中需要设置段落缩进的内容

3 设置段落缩进后的效果

◆ 在拖动悬挂缩进光标时，左缩进光标将跟着移动，这样只改变段落的左缩进，而不改变段落的首行缩进。

一点就透

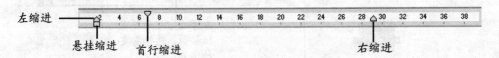

左缩进　悬挂缩进　首行缩进　右缩进

❖ **首行缩进**：是指段落第一行由左缩进位置向内缩进的距离，一般首行缩进为两个汉字的宽度。

❖ **悬挂缩进**：是指段落中每行的第一个汉字由左缩进位置向内缩进的距离，一般悬挂缩进用于编号或项目符号的段落。

❖ **左缩进**: 是指段落的左边距离页码左边距的距离。

❖ **右缩进**: 是指段落的右边距离页码右边距的距离。

2.4.2 通过"段落"对话框设置段间距

段间距是指文档中相邻两段文字之间的距离,包括段前间距和段后间距,设置段间距的具体操作方法如下。

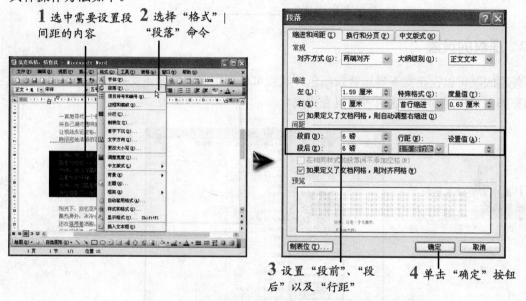

1 选中需要设置段间距的内容 **2** 选择"格式"| "段落"命令

3 设置"段前"、"段后"以及"行距" **4** 单击"确定"按钮

2.5 添加 Word 2003 边框与底纹

在 Word 2003 文档中,为了让文档页面看起来更加美观,通常会给文字、段落和图片等添加边框和底纹。

2.5.1 边框的设置

Word 2003 的边框命令是通过在所选正文四周显示边框来改进文档的外观的。

1 选中需要设置边框效果的文本 **2** 选择"格式"|"边框和底纹"命令

4 选择边框线型
3 选择边框类型
5 选择边框颜色
6 设置边框宽度
7 预览边框设置效果
8 单击"确定"按钮

2.5.2 底纹的设置

使用底纹可以在正文下显示背景颜色。底纹可以运用到选取的正文或各个段落中。底纹由填充颜色、样式颜色或这两者的组合构成。

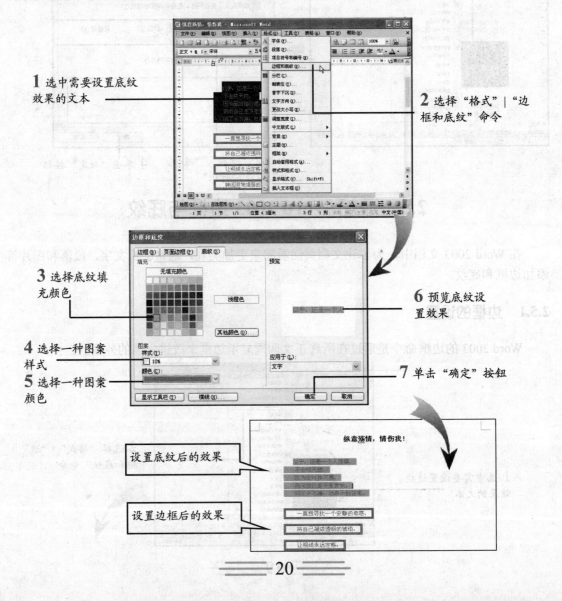

1 选中需要设置底纹效果的文本
2 选择"格式"|"边框和底纹"命令
3 选择底纹填充颜色
4 选择一种图案样式
5 选择一种图案颜色
6 预览底纹设置效果
7 单击"确定"按钮

设置底纹后的效果
设置边框后的效果

纵意殇情，情伤我！

一直想寻找一个安静的角落，
将自己凝成透明的琥珀，
让视线永远定格，

2.6 设置 Word 2003 项目符号和编号

项目符号和编号是指在段落前添加的符号和编号，通常，在文档中的项目符号表示并列关系，而编号表示顺序关系，适当地使用项目符号和编号，可以使文档层次更加清楚明了。

2.6.1 使用对话框设置项目符号和编号

在 Word 2003 中，使用对话框设置项目符号和编号的具体操作方法如下。

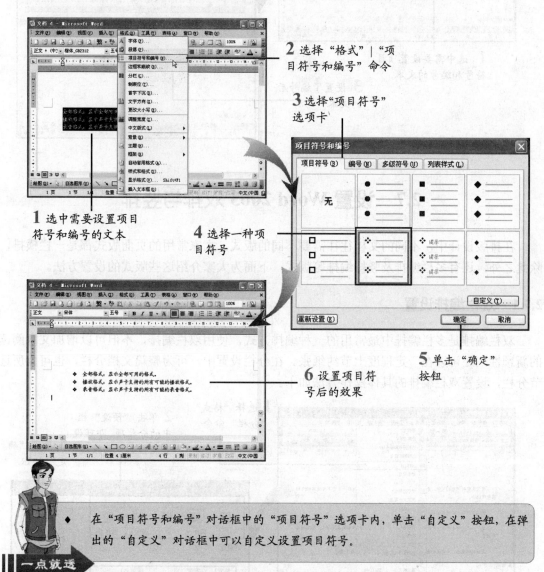

2 选择"格式"|"项目符号和编号"命令

3 选择"项目符号"选项卡

1 选中需要设置项目符号和编号的文本

4 选择一种项目符号

5 单击"确定"按钮

6 设置项目符号后的效果

◆ 在"项目符号和编号"对话框中的"项目符号"选项卡内，单击"自定义"按钮，在弹出的"自定义"对话框中可以自定义设置项目符号。

一点就透

2.6.2 使用工具栏设置项目符号和编号

在 Word 2003 中，除了可以通过对话框添加项目符号和编号外，还可以使用"格式"工

具栏上的 ≣ 和 ≣ 按钮，为文档快速添加项目符号和编号，具体操作方法如下。

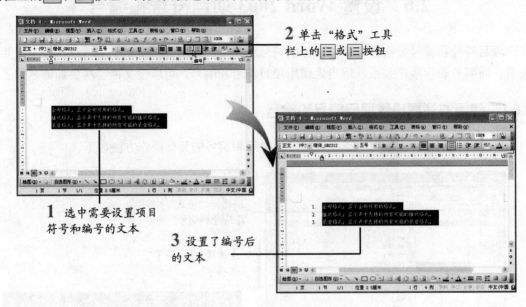

2 单击"格式"工具栏上的 ≣ 或 ≣ 按钮

1 选中需要设置项目符号和编号的文本

3 设置了编号后的文本

2.7 设置 Word 2003 双排与竖排

在排版设计中，不同的文档往往需要不同的版式。大家常用的页面版式都是一栏横排，除此之外，还有多栏编排及竖排编排等版式，下面为大家介绍这些版式的设置方法。

2.7.1 双栏编排设置

双栏编排是多栏编排中最常用的一种编排方式，使用双栏编排，不但可以增加文章阅读的新颖性，还可以在一定程度上节约纸张。在分栏设置中，可为整篇文档分栏，也可为所选节分栏，设置双栏编排的具体操作方法如下。

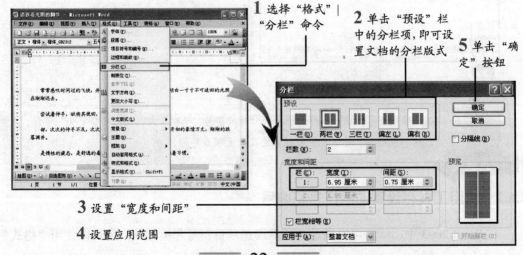

1 选择"格式"｜"分栏"命令

2 单击"预设"栏中的分栏项，即可设置文档的分栏版式

5 单击"确定"按钮

3 设置"宽度和间距"

4 设置应用范围

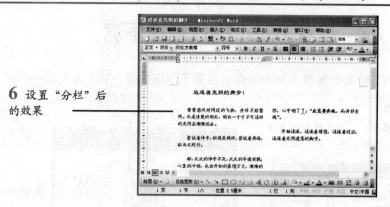

6 设置"分栏"后的效果

2.7.2 竖排编排设置

竖排编排是与横排编排相对的一种编排方式，即文档中的文字竖直排列。竖排编排可应用于整篇文档、插入点之后或当前所选节，下面为大家介绍设置竖排编排及文字方向的操作步骤。

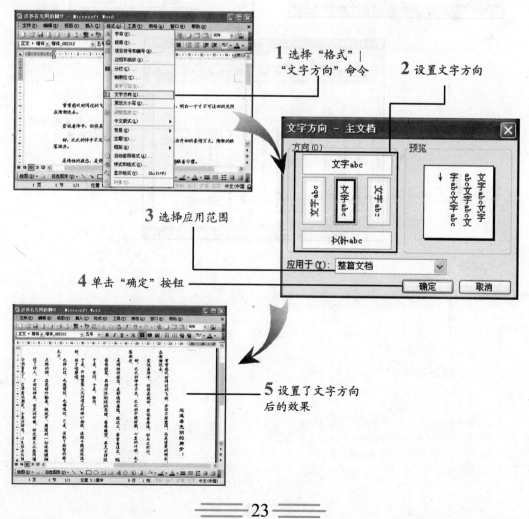

1 选择"格式"|"文字方向"命令

2 设置文字方向

3 选择应用范围

4 单击"确定"按钮

5 设置了文字方向后的效果

2.8 设置 Word 2003 首字下沉

阅读报纸或杂志时，经常会发现文档中的首字设置了下沉效果，下面为大家介绍在 Word 2003 中设置首字下沉的方法。

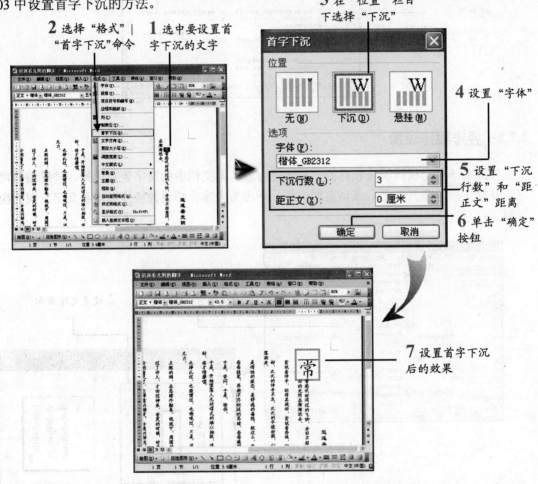

2 选择"格式"│"首字下沉"命令

1 选中要设置首字下沉的文字

3 在"位置"栏目下选择"下沉"

4 设置"字体"

5 设置"下沉行数"和"距正文"距离

6 单击"确定"按钮

7 设置首字下沉后的效果

第3章　Word 2003 操作进阶

3.1　插入特殊字符和图片

在 Word 文档中，除了可以编辑文字外，还可以对图片进行简单的编辑。在文档中插入一些说明性的图片，将有助于文档内容的表达，使内容更加清晰美观。

3.1.1　插入特殊字符

在输入文本时，有时想输入一些特殊字符，而这些字符是键盘上没有的，这时就可插入 Word 2003 自带的特殊字符。插入特殊字符的具体操作方法如下。

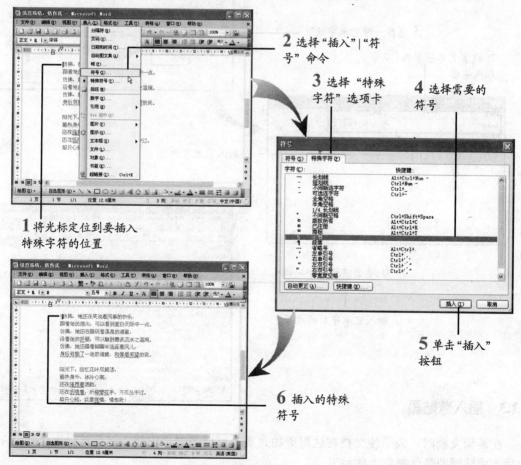

2 选择"插入"|"符号"命令

3 选择"特殊字符"选项卡

4 选择需要的符号

1 将光标定位到要插入特殊字符的位置

5 单击"插入"按钮

6 插入的特殊符号

3.1.2 插入艺术字

在美化文档时，为了使文档更加活泼，可以在文档中插入艺术字，Word 中的"艺术字"是具有特殊效果的文字，如阴影、斜体、旋转和拉伸等，具体操作步骤如下。

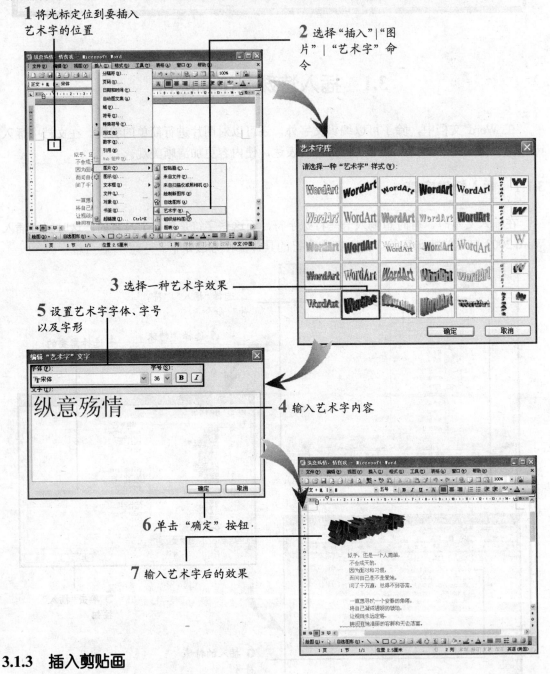

1 将光标定位到要插入艺术字的位置

2 选择"插入" | "图片" | "艺术字"命令

3 选择一种艺术字效果

5 设置艺术字字体、字号以及字形

4 输入艺术字内容

6 单击"确定"按钮

7 输入艺术字后的效果

3.1.3 插入剪贴画

在编辑文档时，为了使文档表达得更加直观，可以在文档中插入一些剪贴画。在 Word 中插入剪贴画的具体操作步骤如下。

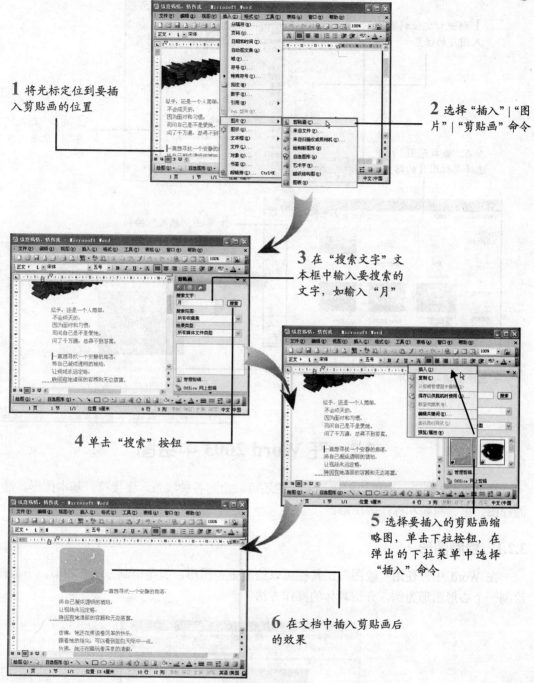

1 将光标定位到要插入剪贴画的位置

2 选择"插入"|"图片"|"剪贴画"命令

3 在"搜索文字"文本框中输入要搜索的文字,如输入"月"

4 单击"搜索"按钮

5 选择要插入的剪贴画缩略图,单击下拉按钮,在弹出的下拉菜单中选择"插入"命令

6 在文档中插入剪贴画后的效果

3.1.4 插入图片

如果在剪贴画中找不到想要的图片,可以将保存在电脑中的其他图片插入到文档中,插入电脑中的图片的具体操作步骤如下。

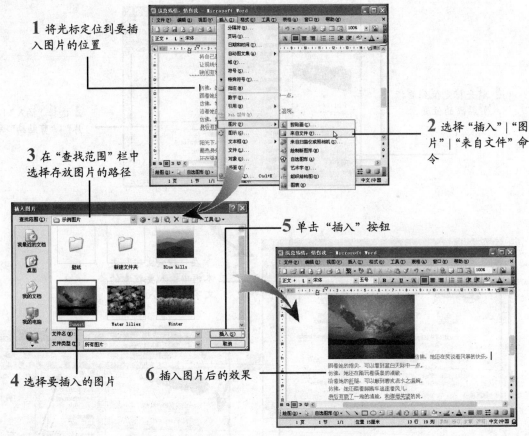

1 将光标定位到要插入图片的位置

2 选择"插入"|"图片"|"来自文件"命令

3 在"查找范围"栏中选择存放图片的路径

4 选择要插入的图片

5 单击"插入"按钮

6 插入图片后的效果

3.2 在 Word 2003 中绘图

在 Word 文档中，通过"绘图"工具栏还可以绘制各种线条、连接符、基本图形、箭头、流程图、星、旗帜和标注等图形。

3.2.1 绘制图形

在 Word 中，使用"绘图"工具栏可以绘制多种图形，但是绘制方法都相似，下面就以绘制一个心形图形为例，介绍具体的操作方法。

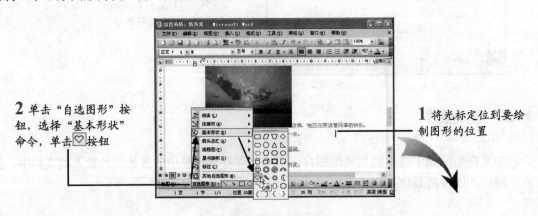

2 单击"自选图形"按钮，选择"基本形状"命令，单击♡按钮

1 将光标定位到要绘制图形的位置

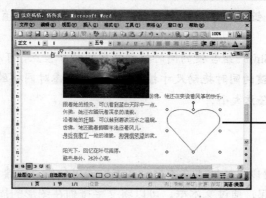

3 在文档中按住鼠标左键并拖动鼠标，即可绘制出一个心形图

3.2.2 改变自选图形的形状

绘制好图形后，还可以随时改变自选图形的形状，具体操作方法如下。

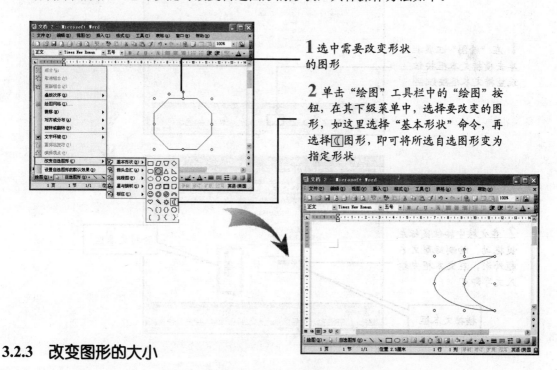

1 选中需要改变形状的图形

2 单击"绘图"工具栏中的"绘图"按钮，在其下级菜单中，选择要改变的图形，如这里选择"基本形状"命令，再选择 图形，即可将所选自选图形变为指定形状

3.2.3 改变图形的大小

绘制好图形后，还可根据需要改变图形的大小，具体操作方法如下。

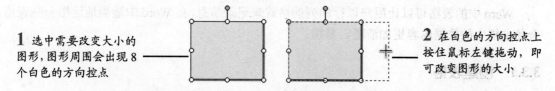

1 选中需要改变大小的图形，图形周围会出现 8 个白色的方向控点

2 在白色的方向控点上按住鼠标左键拖动，即可改变图形的大小

❖ 按住"Shift"键的同时拖动拐角的尺寸控点，可等比例缩放该图形的大小。

❖ 按住 "Ctrl" 键的同时拖动尺寸控点，可从中心向外垂直、水平或沿对角线缩放图形。

❖ 按住 "Ctrl+Shift" 组合键的同时拖动拐角的尺寸控点，可从中向外等比例缩放图形。

❖ 按住 "Alt" 键的同时拖动尺寸控点，将不用考虑对网格的设置而进行细微缩放，将图形缩放到任意大小。

3.2.4 插入文本框

在 Word 中，还可以直接插入文本框，文本框又可分为 "横排" 或 "竖排"。文本框可将文字和图形组织在一起，通过文本框，可以将文字排列在图形的周围。插入文本框的具体操作方法如下。

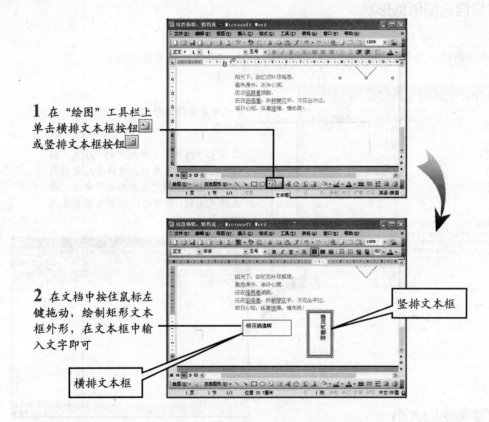

1 在 "绘图" 工具栏上单击横排文本框按钮或竖排文本框按钮

2 在文档中按住鼠标左键拖动，绘制矩形文本框外形，在文本框中输入文字即可

竖排文本框

横排文本框

3.3　Word 2003 表格应用

Word 中的表格可以让用户以行和列的格式来记录信息，在 Word 中适当地运用一些表格，会使文档中的数据内容更加清晰、易懂。

3.3.1 创建表格

可通过 "插入表格" 对话框来创建表格，也可以使用 "常用" 工具栏上的 "插入表格"

按钮 来快速创建一个简单的表格，其具体操作方法如下。

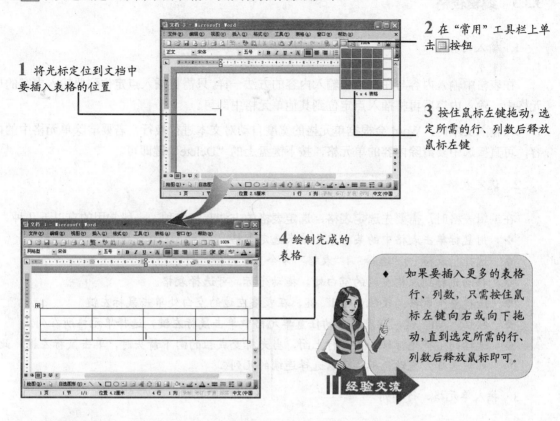

1 将光标定位到文档中要插入表格的位置

2 在"常用"工具栏上单击 按钮

3 按住鼠标左键拖动，选定所需的行、列数后释放鼠标左键

4 绘制完成的表格

◆ 如果要插入更多的表格行、列数，只需按住鼠标左键向右或向下拖动，直到选定所需的行、列数后释放鼠标即可。

经验交流

3.3.2 绘制表格

如果所要创建的表格比较复杂，可通过"表格和边框"工具栏上的工具来完成表格的绘制。使用"表格和边框"工具栏绘制复杂表格的具体操作方法如下。

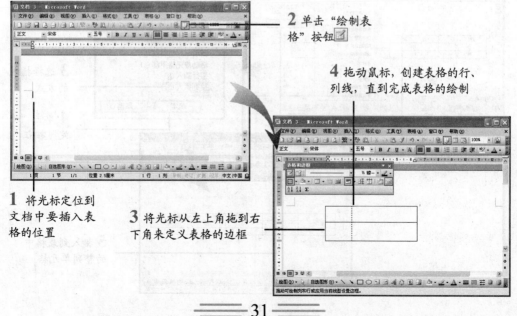

1 将光标定位到文档中要插入表格的位置

2 单击"绘制表格"按钮

3 将光标从左上角拖到右下角来定义表格的边框

4 拖动鼠标，创建表格的行、列线，直到完成表格的绘制

3.3.3　编辑表格

1. 输入内容

　　在表格中输入内容与在文档中输入内容的方法一样，只需将插入点定位到要输入内容的单元格中，输入内容后再将插入点定位到其他单元格中即可。

　　在输入文本时，Word 会根据单元格的宽度自动对文本进行换行，若要清除单元格中的内容，可直接选中要清除内容的单元格，按下键盘上的"Delete"键即可。

2. 选定表格

　　在编辑表格时，需要先选定表格，选定表格的方法有很多种，一般常用的有以下几种。

- ❖　用鼠标单击表格中的某一单元格来选定表格。
- ❖　选择"表格"|"选择"|"表格"命令。
- ❖　移动光标到表格左边的空白处，拖动光标，可选择表格。
- ❖　选择整个表格：按住"Ctrl"键，在表格左边的空白处单击鼠标左键。
- ❖　按住"Alt"键，在表格中的任意单元格中单击鼠标左键，选择单元格所在列。
- ❖　选择列：将光标移到第一行上面，当光标变成粗的向下箭头时，单击鼠标左键，此列被选择。拖动光标，可以选择连续的几列。

3. 插入单元格、行和列

　　当创建好一张表格后，有时需要在表格中插入单元格，具体操作方法如下。

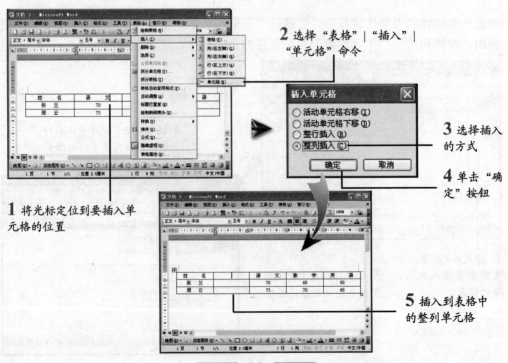

4. 删除单元格、行和列

在编辑表格时，经常会遇到需要删除单元格、行和列的情况。这里的删除单元格与清除单元格不同，清除单元格只是清除单元格中的内容，而删除单元格不仅要删除单元格中的内容，还要删除单元格，具体操作方法如下。

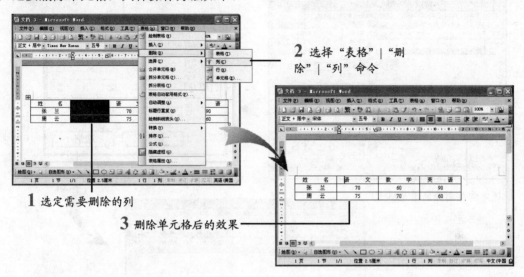

1 选定需要删除的列

2 选择"表格" | "删除" | "列"命令

3 删除单元格后的效果

3.3.4 合并和拆分单元格

在制作表格时，当遇到不规则的表格时，可通过合并或拆分单元格来完成操作。

1. 合并单元格

在制作表格的过程中，把相邻的几个单元格合成一个单元格，这种编辑操作称之为"合并单元格"，合并单元格的具体操作方法如下。

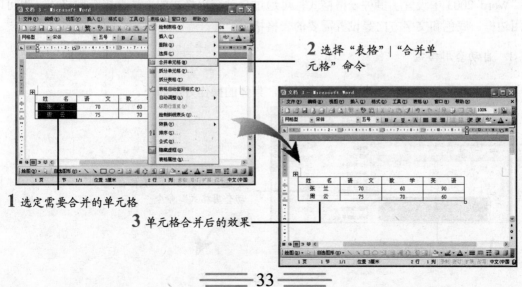

1 选定需要合并的单元格

2 选择"表格" | "合并单元格"命令

3 单元格合并后的效果

2. 拆分单元格

拆分单元格与合并单元格相反，拆分单元格就是把单元格拆分成若干行、若干列，具体操作方法如下。

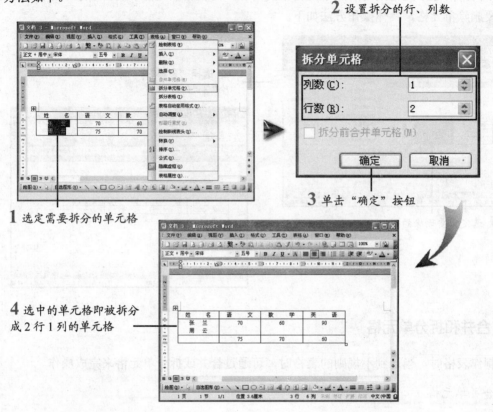

2 设置拆分的行、列数

1 选定需要拆分的单元格

3 单击"确定"按钮

4 选中的单元格即被拆分成 2 行 1 列的单元格

3.3.5　设置表格格式

Word 2003 中设置了多种表格格式，可通过自动套用格式的方法直接套用格式，也可以使用边框、底色和文字方向等设置需要的表格格式。

1. 自动套用格式

新插入的表格都可以自动套用表格样式，具体的操作方法如下。

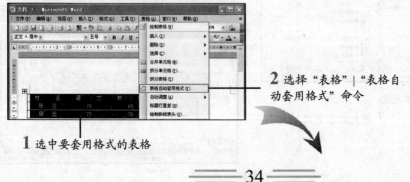

2 选择"表格"|"表格自动套用格式"命令

1 选中要套用格式的表格

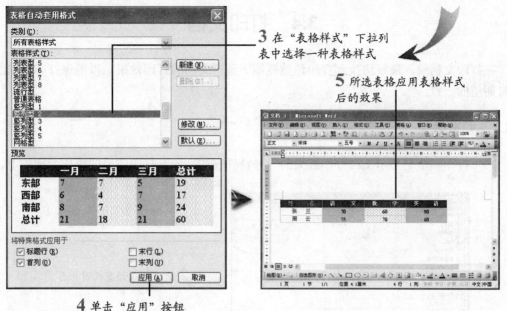

3 在"表格样式"下拉列表中选择一种表格样式

5 所选表格应用表格样式后的效果

4 单击"应用"按钮

2. 改变文字方向

在编辑表格时，有时需要将横向排列的文本更改为纵向排列，这时就需要改变文字方向，具体的操作方法如下。

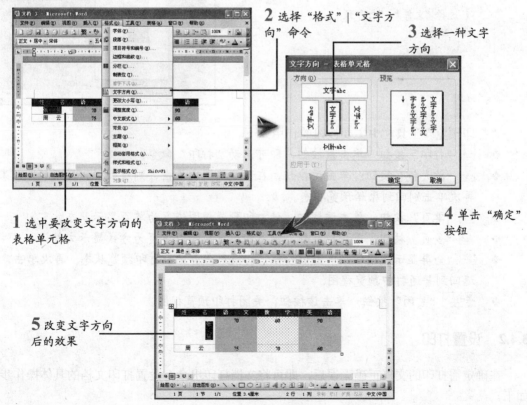

2 选择"格式"|"文字方向"命令

3 选择一种文字方向

1 选中要改变文字方向的表格单元格

4 单击"确定"按钮

5 改变文字方向后的效果

3.4 打印文档

在打印文档前，最好切换到打印预览视图下预览文档的打印效果，以确保打印出来的效果与期望的一致。

3.4.1 预览效果

打印预览是显示文档打印效果的一种特殊视图，预览打印效果的操作步骤如下。

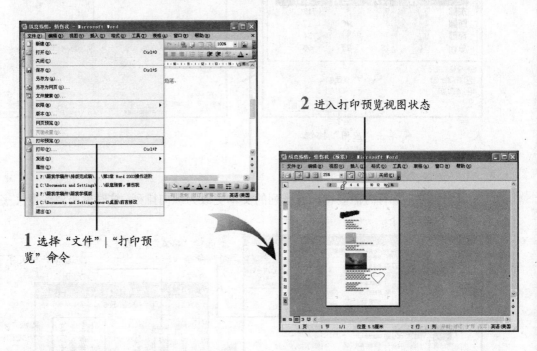

2 进入打印预览视图状态

1 选择"文件"|"打印预览"命令

"打印预览"工具栏中主要按钮的作用如下。

❖ "打印"按钮：单击该按钮，即可启动"打印"命令。

❖ "放大镜"按钮：单击该按钮，在预览视图中单击，则放大一倍显示预览效果；再次单击则回到原始预览状态。

❖ "单页"按钮：单击该按钮，使打印预览视图恢复为单页显示状态。

❖ "多页"按钮：单击该按钮，使打印预览视图以多页为方式显示文档。

❖ "全屏显示"按钮：单击该按钮，切换到全屏显示打印预览状态；再次单击，则返回到普通打印预览视图。

❖ 关闭(C) "关闭"按钮：单击该按钮，关闭打印预览视图。

3.4.2 设置打印

在确定需打印的文档正确无误后，即可将文档打印出来，设置打印文档的具体操作步骤如下。

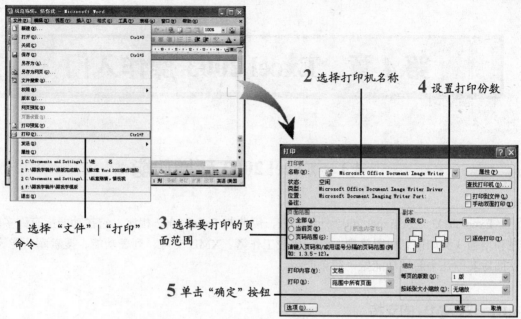

1 选择"文件"|"打印"
命令

2 选择打印机名称

3 选择要打印的页
面范围

4 设置打印份数

5 单击"确定"按钮

第 4 章　Excel 2003 操作入门

4.1　Excel 2003 新增功能

Excel 2003 是从 Excel 2002 升级而来，因此与 Excel 2002 相比，它在功能上有许多的改进和增强（例如信息权限管理、并排比较工作簿、XML 支持、列表功能、搜索库功能等）。下面对其中几个新增功能做一简单介绍。

4.1.1　对 XML 的支持

XML 是将不同文档标准统一之后形成的一种通用的文档交换格式。通过使用 XML，用户可以从更多的途径、更加方便地来组织和处理工作簿和数据，比如使用 XML 架构后，用户可以从一般文档中搜索并获得需要的数据。

Excel 2003 在"数据"菜单中为 XML 特意添加了一个子菜单，用以对 XML 数据及文档提供更好的支持。用户可以使用该菜单中的"导入"功能将一个 XML 文件添加到任何工作簿中，然后使用"XML 源"任务窗格将单元格关联到 XML 数据，这样用户就可以在 Excel 中向关联的单元格中导入或从中导出 XML 数据，对 XML 数据进行修改和同步更新，非常方便。

新增的 XML 子菜单

新增的列表子菜单

新增的列表工具栏

4.1.2　使用 Office 2003 的列表功能

在 Excel 2003 中，利用新增的列表功能，用户可以在工作表中创建列表并用它进行排序、筛选、汇总、求平均等简单计算。一旦某一区域被指定为列表，用户就可以方便地管理和分析列表中的数据，完全忽视列表之外的其他数据。列表可以创建在现有数据中，也可以在空白区域中。与 XML 一样，Excel 2003 也为列表功能在"数据"菜单中专门增加了一个子菜单及工具栏。

在 Excel 2003 中创建列表非常方便，选中一个数据区域后，再选择"数据"|"列表"|"创建列表"命令即可。除此之外，还可以使用快捷（右键）菜单创建列表。

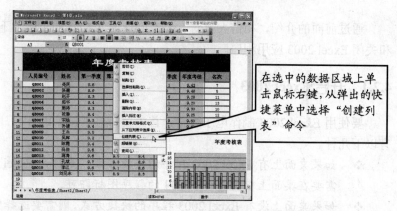

在选中的数据区域上单击鼠标右键，从弹出的快捷菜单中选择"创建列表"命令

创建后的列表在每一列的列首会出现一个三角形下拉按钮，单击该按钮会弹出一个下拉列表，列表中的命令可以对列表数据进行排序和筛选；单击"列表与 XML 工具栏"上的"切换汇总行"可对列表进行计数、求平均值等简单计算。

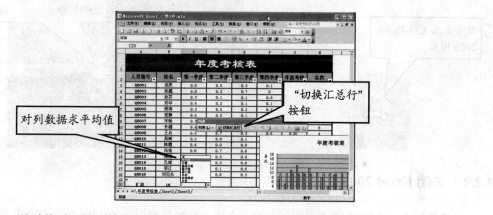

对列数据求平均值

"切换汇总行"按钮

另外，通过拖动列表边框右下角的调整手柄，可修改列表的大小。

4.1.3 使用 Office 2003 的搜索库

搜索库是 Excel 2003 内置的一种搜索工具。用户可以使用搜索库在本地计算机或互联网上搜索各种信息。在已连接到 Internet 上的情况下，新增的"信息检索"任务窗格可以在互联网上众多的参考信息和扩展资源中搜索需要的信息。

用户可以通过单击"常用"工具栏上的"信息检索"按钮或单击任务窗格列表中的"信息检索"超级链接来打开搜索库。搜索库以任务窗格的形式出现，在"信息检索"任务窗格中，用户可以进行查找同义词和各种语言的互译等操作。

搜索内容

"返回"按钮和"前进"按钮

4.2 开启和关闭 Excel 2003 程序窗口

通过前面的介绍，相信大家对 Excel 2003 有了初步的了解，下面就来介绍一下怎样启动和关闭 Excel 2003 应用程序。

4.2.1 开启 Excel 2003

要使用 Excel 2003 制作电子表格，首先要打开 Excel 2003 程序。开启 Excel 2003 的方法有以下几种。

❖ 如果桌面上有 Excel 2003 程序的快捷方式，要打开 Excel 2003 程序就非常简单，只需要在桌面上双击 Excel 2003 的程序图标即可。

❖ 如果桌面上没有 Excel 2003 程序的快捷方式，则需要选择"开始"|"程序"|"Microsoft Office" | "Microsoft Office Excel 2003"命令来打开 Excel 2003 程序。

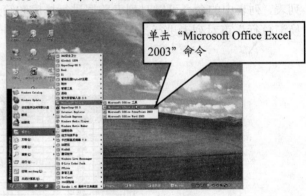

单击"Microsoft Office Excel 2003"命令

双击桌面上的 Excel 2003 图标

4.2.2 关闭 Excel 2003

用户使用 Excel 2003 完成了电子表格的制作后，如果暂时不再使用 Excel 2003 进行工作，需要关闭程序以减少系统资源的浪费。

关闭 Excel 2003 前，如果用户未对新建的或更改后的文档进行保存，Excel 2003 会弹出对话框提示用户为文档命名或保存。

"提示保存"对话框

关闭 Excel 2003 程序的方法有以下几种。

❖ 单击窗口右上角的"关闭"按钮。

❖ 按"Alt+F4"组合键。

❖ 选择"文件"|"退出"命令。

4.3　选定单元格

用户在对单元格进行输入或编辑操作之前，首先需要选定要进行操作的单元格。用户可以使用鼠标或者键盘操作选定单元格。

4.3.1　用鼠标选定单元格

被选中的单元格称为活动单元格，只有在活动单元格中才能进行输入、编辑或设置格式操作。在通常情况下，只需要通过鼠标再配合使用键盘上的"Ctrl"键和"Shift"键就可以非常容易地选中单元格。

使用鼠标选定单元格的操作主要有以下几种。

❖　如果要选定某个单元格，可以直接单击该单元格，这时选定的单元格为活动单元格。

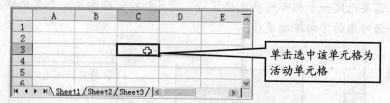

❖　如果要选定整行，则单击位于左端的行标签。

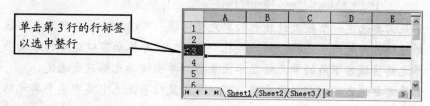

❖　如果要选定整列，则单击位于顶端的列标签。

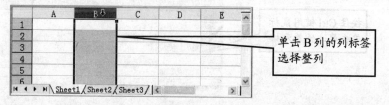

❖　如果要选定相邻的行或列，可以将鼠标指针指向起始行号或列标，按住鼠标左键连续拖动光标选定连续的行或列；或者选中起始行号或列号，然后按下"Shift"键的同时用鼠标单击终止行号或列号。

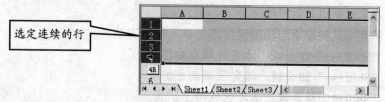

❖　如果要选中不连续的行或列，在选择了第一行或列之后，按住"Ctrl"键单击其他

需要选中的行或列。

按住"Ctrl"键单击鼠标左键选定不连续的列

❖ 如果需要选定工作表中的所有单元格，则单击工作表左上角的"全选"按钮。

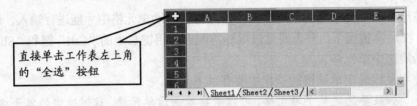

直接单击工作表左上角的"全选"按钮

❖ 如果需要选定一个相邻的单元格区域，将鼠标指针指向第一个单元格，按住鼠标左键并沿对角的方向拖动鼠标。

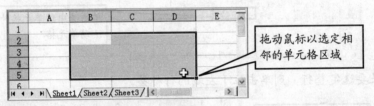

拖动鼠标以选定相邻的单元格区域

❖ 如果需要选定一个较大的相邻的单元格区域，可以单击需要的单元格区域左上角的单元格作为起始单元格，然后按住"Shift"键并拖动窗口边缘的滚动条，在需要的单元格区域右下角的单元格显示出来后，单击该单元格完成选定。

❖ 如果需要选定不相邻的单元格，可以先用鼠标单击选中其中某个单元格，然后按住"Ctrl"键单击其他需要选定的单元格。

按住 Ctrl 键用鼠标单击要选的单元格

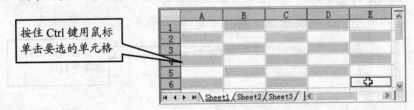

4.3.2 用键盘选定单元格

通常情况下，使用以上介绍的方法就可以非常容易地选中单元格。但在某些情况下，使用键盘选定单元格也非常方便。

下面就介绍几种常用的使用键盘选定单元格的方法。

❖ "Shift+→"组合键，选定区域向右扩展。

❖ "Shift+←"组合键，选定区域向左扩展。

❖ "Shift+↑"组合键，选定区域向上扩展。

❖ "Shift+↓"组合键，选定区域向下扩展。

❖ "Ctrl+Shift+Home"组合键或"Ctrl+Shift+End"组合键，将当前位置到工作表的第一个单元格之间的所有单元格选中。

❖ "Ctrl+Shift+←"组合键，将当前位置到所在行的第一个单元格之间的所有单元格选中。

❖ "Ctrl+Shift+↑"组合键，将当前位置到所在列的第一个单元格之间的所有单元格选中。

❖ "Shift+PageUp"组合键，将当前位置到所在列可见的第一个单元格间的所有单元格全部选中。

❖ "Shift+PageDown"组合键，将当前位置到所在列可见的最后一个单元格间的所有单元格全部选中。

配合使用"Shift+→"、"Shift+←"、"Shift+↑"和"Shift+↓"组合键可以方便地选取任意大小的连续的单元格区域。

4.3.3 按条件选定单元格

除了上面介绍的选定单元格的方法外，Excel 还可以将工作表中具有特定格式的单元格选择出来。定位条件与单元格之间的对应关系如下表所示。

表　　　　　　　　　　定位条件与单元格之间的对应关系

定位条件	选定的单元格
批注	在活动工作表中选择所有的批注
常量	选择所有不以符号开头或包含公式的单元格，该选项下面的复选框可以定义所需定位的常量类型
空值	在工作表内包含数据或格式的单元格区域中，选择所有空白单元格
当前区域	选择围绕活动单元格的矩形区域，该区域包含在空白行和空白列的组合区域内
当前数组	如果活动单元格包含在某个数组中，则选择该数组
对象	选择所有的图形对象，包括工作表和文本框中的图表和按钮
行内容差异单元格	在每行中，选择与比较单元格内容不同的单元格。对于每一行，比较单元格位于活动单元格所在的列中
列内容差异单元格	在每列中，选择与比较单元格内容不同的单元格。对于每一列，比较单元格位于活动单元格所在的行中
引用单元格	选择活动单元格中的公式所引用的单元格
从属单元格	选择单元格，这些单元格中的公式引用活动单元格
最后一个单元格	选择包含数据或格式的工作表中的最后一个单元格
可见单元格	选择工作表中所有的可见单元格。这样，所做的更改只影响可见单元格，并不影响隐藏的单元格
条件单元格	选择设置过条件格式的单元格。要选择工作表中设置过条件格式的全部单元格，请单击"全部"；要选择与活动单元格中条件格式相同的单元格，请单击"相同"

定位条件	选定的单元格
有效单元格	选择设置过有效数据条件的单元格。要选择工作表中设置过有效数据条件的全部单元格，请单击"全部"；要选择与活动单元格中有效数据条件相同的单元格，请单击"相同"

使用定位条件选定单元格的基本操作步骤如下。

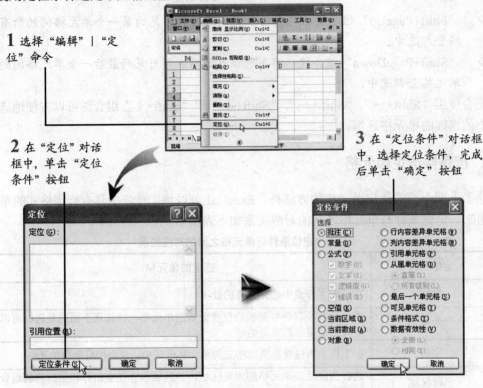

1 选择"编辑"|"定位"命令

2 在"定位"对话框中，单击"定位条件"按钮

3 在"定位条件"对话框中，选择定位条件，完成后单击"确定"按钮

以上操作完成后即可按照选中的定位条件来选定单元格。

4.4　单元格数据编辑

单元格数据的输入和编辑是工作表编辑中最基本的操作，也是对工作表数据进行分析和处理的基础。下面就来介绍输入和编辑单元格数据的方法。

4.4.1　录入数据

在 Excel 工作表中录入数据的方法有以下两种。

❖　单击要输入数据的单元格，直接输入数据，这种方法在工作簿窗口的编辑栏中进行。

❖　双击要输入数据的单元格，然后在单元格中直接输入数据。

通常情况下，输入到单元格中的内容排列在一行上，超出的部分在输入完成后可能被右侧的单元格覆盖。这时，用户可以在输入单元格内容时，按下"Alt+Enter"组合键可以插入一个硬回车换行，也可以设置单元格自动换行。

数据录入完毕后，按下"Enter"键即可确认输入的内容；按下"Esc"键则可取消数据的录入。

输入数据后，如果在单元格中出现符号"######"，则表示单元格宽度不足以容纳该输入数据，需要调整列宽。

4.4.2 记忆式输入

输入数据时，Excel 会把当前输入的数据与同列中其他单元格中的数据进行比较，如果发现数据的起始字符相同，就会为该单元格自动填入剩余的部分，并将自动填入部分反白显示。这种输入数据的方式叫做记忆式输入，它可以在一定程度上减少用户的工作量。

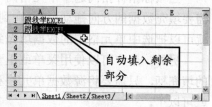

对记忆式输入，用户可以根据具体情况选择以下操作。

❖ 如果接受建议，按"Enter"键，建议的数据会自动被输入。

❖ 如果不接受建议，则不必理会，可继续输入数据，当输入一个与建议不符合的字符时，建议会自动消失。

此外，如果需输入的数据与当前列中的其他单元格中的数据相同，还可以按"Alt+↓"组合键或是选择快捷菜单中的"在下拉列表中选择"显示当前列中的已有数据列表，从中选择需要的数据项。

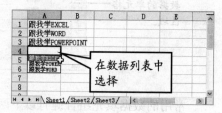

4.4.3 清除单元格

清除单元格不同于删除单元格，清除单元格后单元格本身不会删除，也不会影响到工作表中的其他内容。清除单元格操作只能清除单元格中的内容、格式和批注。

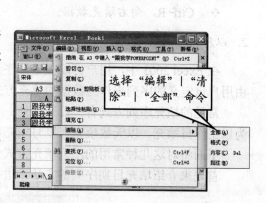

"清除"选项中各项的具体操作内容如下。

❖ 全部：清除单元格中的所有内容、格式和批注。

❖ 格式：清除单元格中的格式，其中的数据内容不变。

❖ 内容：只清除选中单元格中的数据内容，单元格格式不变。

❖ 批注：清除单元格批注。

4.4.4 自动填充数据

在数据输入过程中，经常会遇到这样一些数据，这些数据按一定的规律排列在一起。对于这样的数据，用户可以通过使用 Excel 2003 中的自动填充功能来输入数据，这样可以大大减少用户的数据录入工作量。

使用自动填充功能，用户可以将选中单元格中的数据复制或按某种序列填充到所在行或列的其他单元格中。

1. 利用填充功能复制数据

通过拖曳活动单元格右下角的填充柄，可以在同一行或列中复制数据。

当鼠标指针指向选中单元格的填充柄时，鼠标指针会变为 **+** 形，这时，按下鼠标左键向需要填充数据的方向拖动鼠标，直到拖动鼠标形成的虚框包含需要的单元格后释放鼠标左键，就可以把选中单元格中的数据填充到虚框包含的区域里了。

另外，用户可以使用菜单或组合键来进行填充操作。用这种方法，用户不用拖动单元格的填充柄，只需要将源数据单元格和目标单元格一起选中，然后选择菜单命令或按下组合键就可以了。

1 选中要填充数据的单元格区域

2 选择"编辑"|"填充"|"向下填充"命令或直接按"Ctrl+D"组合键

数据填充后的效果

常用的数据填充组合键有以下两种。

- ❖ Ctrl+D，向下填充数据。
- ❖ Ctrl+R，向右填充数据。

2. 以序列方式填充数据

在 Excel 2003 中，用户可以在多种序列方式中选择一种来作为数据的填充方式，也可以由用户自定义的序列来作为数据的填充方式。

常见的填充序列方式有：日期序列、等差序列和等比序列 3 种。其中日期序列又可以分为以工作日填充、以天数填充、以月填充和以年填充。

下面将对这几种常用的序列填充方式依次进行详细的介绍。

首先来介绍填充日期序列的方法。进行日期序列填充的操作步骤如下。

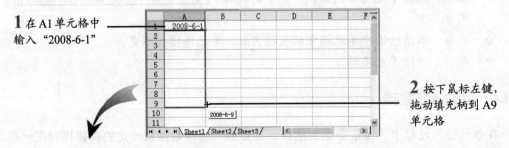

1 在 A1 单元格中输入"2008-6-1"

2 按下鼠标左键，拖动填充柄到 A9 单元格

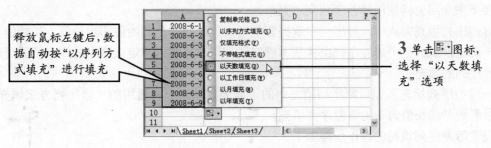

释放鼠标左键后，数据自动按"以序列方式填充"进行填充

3 单击 图标，选择"以天数填充"选项

一般情况下，"以天数填充"和"以序列方式填充"的填充效果是一样的。选择其他几种填充选项后的填充效果如下。

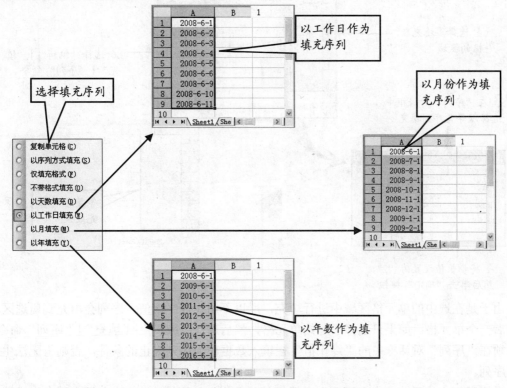

以工作日作为填充序列

选择填充序列

以月份作为填充序列

以年数作为填充序列

另外，如果填充数据时使用鼠标右键拖动填充柄，在释放鼠标右键后，会出现一个下拉菜单，该菜单中的选项及其作用都与单击 图标弹出的菜单中的相同。

拖动填充柄填充日期

使用鼠标右键拖动填充柄，释放右键后弹出的菜单

接下来介绍怎样使用等差序列来填充数据。

等差序列填充方式中，对序列中数据影响最大的因素就是初始值和步长值。初始值和步长值一确定，那么整个等差序列也就基本确定了，用户只需再指定该序列的终止值就可以完成等差序列的填充了。

一般的序列填充，如日期序列填充中的"以天数填充"和通用的"以序列方式填充"，都可以看做是步长值为1的等差序列填充。

设置等差序列填充的操作步骤如下。

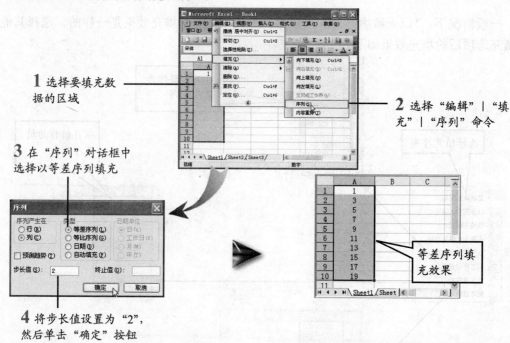

1 选择要填充数据的区域

2 选择"编辑"|"填充"|"序列"命令

3 在"序列"对话框中选择以等差序列填充

等差序列填充效果

4 将步长值设置为"2"，然后单击"确定"按钮

由于是在选中的单元格区域中进行填充，所以不用设置终止值，序列会填充到所选区域的最后一个单元格。如果只选择了起始单元格，然后选择"编辑"|"填充"|"序列"命令，则必须在"序列"对话框中的"终止值"栏填入数据作为序列终止的条件，否则将无法生成填充序列。

设置了终止值后，单击"序列"对话框的"确定"按钮，Excel 将在行或列上生成填充序列，直到该序列的最后一个值最接近终止值而又不大于终止值。例如，在上述生成等差序列的例子中，如果将终止值设置为"13"，则序列只能填充到 A7 单元格（值为"13"）；如果将终止值设置为"12"，则序列只能填充到 A6 单元格（值为"11"）。

终止值为"13"

终止值为"12"

介绍完等差序列，接下来介绍使用等比序列填充的方法。

等比序列与等差序列的填充方法基本相同，只是在"序列"对话框中的"类型"栏中选择"等比序列"。填充等比序列的其余操作如"步长值"和"终止值"的设置以及序列终止的条件等都与等差序列的一样。

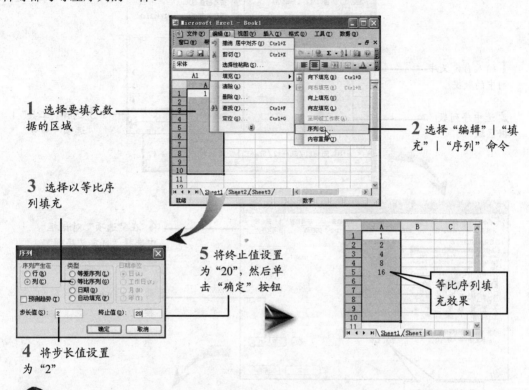

1 选择要填充数据的区域

2 选择"编辑"|"填充"|"序列"命令

3 选择以等比序列填充

5 将终止值设置为"20"，然后单击"确定"按钮

等比序列填充效果

4 将步长值设置为"2"

♦ 对于等差序列，可以先指定序列的前两个值，然后选中这两个单元格，拖动填充柄，Excel 会自动将第一个单元格作为起始单元格，将第二个单元格中的值减去第一个单元格中的值的差作为序列的步长值，终止值即为用户拖动填充柄产生的虚线框所包含的最后一个单元格所对应的值。

1 指定序列的前两个值，然后选中这两个单元格

步长值为第二个单元格中的值（4）减去第一个单元格中的值（1），即是 3

2 拖动填充柄到需要的位置，然后释放鼠标左键

自动填充的等差序列

　　介绍完上述常用序列的填充方式，最后介绍一下怎样使用自定义序列填充数据。
　　自定义序列是由用户创建的，它可以是用户经常用到的一组固定数据。例如，用户经常需要输入这样一组固定次序的地名序列——"三星镇、羊马区、会泽乡、六华山、新天堡、双河口"。用户就可以将这组序列添加到 Excel 的自定义序列库中去。

添加自定义序列的操作步骤如下。

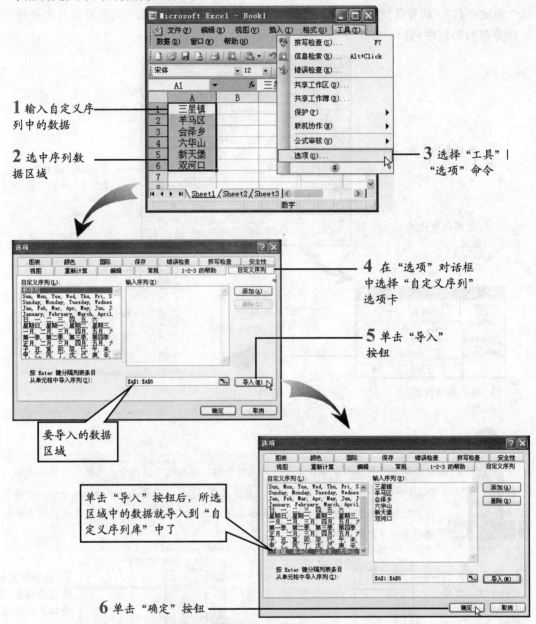

1 输入自定义序列中的数据

2 选中序列数据区域

3 选择"工具"|"选项"命令

4 在"选项"对话框中选择"自定义序列"选项卡

5 单击"导入"按钮

要导入的数据区域

单击"导入"按钮后,所选区域中的数据就导入到"自定义序列库"中了

6 单击"确定"按钮

这样,单元格数据编辑的方法就基本介绍完了,接下来介绍对单元格的基本操作。

4.5 单元格操作

单元格是 Excel 工作表的基本组成部分,对单元格的操作关系到整个工作表的结构,因此熟练掌握单元格操作是对用户最基本的要求。只有熟练掌握了单元格操作,才能又好又快地制作出一个精美的工作表。

4.5.1 移动或复制单元格

在工作表的制作过程中，用户常常需要移动或复制单元格中的数据。用户可以将选中的单元格的数据移动或复制到同一个工作表的不同位置、不同工作表甚至不同工作簿中。

下面就来介绍怎样复制单元格，操作步骤如下。

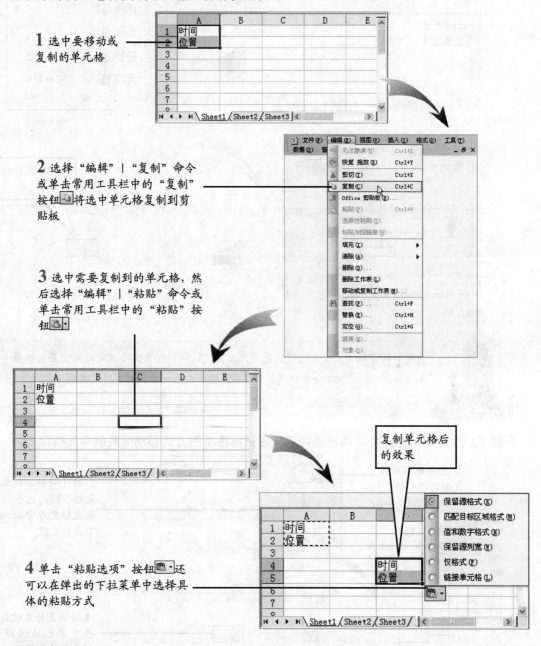

1 选中要移动或复制的单元格

2 选择"编辑" | "复制"命令或单击常用工具栏中的"复制"按钮将选中单元格复制到剪贴板

3 选中需要复制到的单元格，然后选择"编辑" | "粘贴"命令或单击常用工具栏中的"粘贴"按钮

4 单击"粘贴选项"按钮还可以在弹出的下拉菜单中选择具体的粘贴方式

复制单元格后的效果

根据需要，有时需在工作表中对单元格进行移动操作。移动单元格的操作非常简单，可以按下面的操作步骤实现。

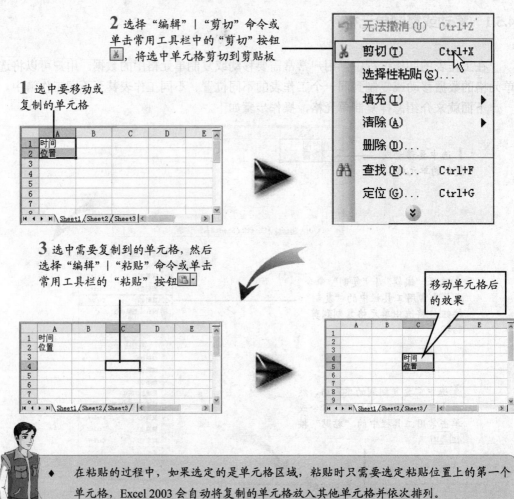

2 选择"编辑"|"剪切"命令或单击常用工具栏中的"剪切"按钮，将选中单元格剪切到剪贴板

1 选中要移动或复制的单元格

3 选中需要复制到的单元格，然后选择"编辑"|"粘贴"命令或单击常用工具栏的"粘贴"按钮

移动单元格后的效果

◆ 在粘贴的过程中，如果选定的是单元格区域，粘贴时只需要选定粘贴位置上的第一个单元格，Excel 2003 会自动将复制的单元格放入其他单元格并依次排列。

一点就透

除了以上介绍的方法外，用户还可以使用鼠标拖动的方式移动或复制单元格。

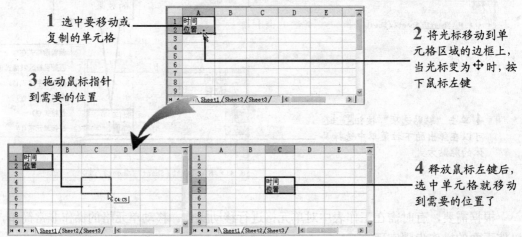

1 选中要移动或复制的单元格

2 将光标移动到单元格区域的边框上，当光标变为 ✛ 时，按下鼠标左键

3 拖动鼠标指针到需要的位置

4 释放鼠标左键后，选中单元格就移动到需要的位置了

如要复制单元格，只需在拖动鼠标时按住 **Ctrl** 键，这时鼠标指针的右上角会出现一个加号。将单元格拖动到需要的位置后，先释放鼠标左键，选中单元格就复制到需要的位置了。

另外，如果使用鼠标右键拖动，释放右键后会出现一个下拉菜单，用户可以在菜单中选择需要的操作。

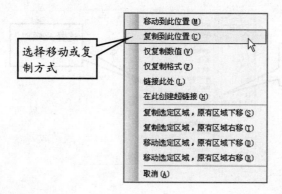

4.5.2　选择性移动复制

上面所讲述的移动或复制均为将单元格中的全部属性移动或复制到指定位置。在实际操作中，用户可以选择只移动或复制单元格中的部分属性。

首先选中要移动或复制的单元格，然后将所选单元格剪切或复制到剪贴板中，接着选择"编辑"|"选择性粘贴"命令，会弹出"选择性粘贴"对话框，用户可以在对话框中选择需要粘贴的属性。

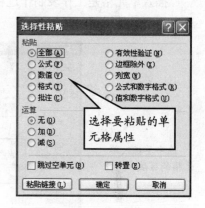

4.5.3　添加单元格批注

单元格批注是用户为单元格添加一些说明或注释性的文字，它可以让用户使用表格时更好地了解单元格内容所代表的信息。下面就来介绍一下在单元格中添加批注的方法。

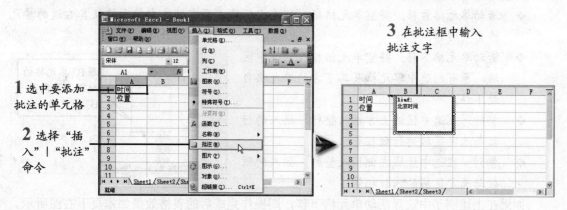

这样，只要将鼠标指针移至设置了批注的单元格上，在单元格旁边便会显示该单元格的批注内容。

如果需要修改或删除单元格批注，则在需要的单元格上单击鼠标右键，在弹出的下拉菜单中选择"编辑批注"命令或选择"删除批注"命令即可。

4.5.4 插入单元格

插入单元格是工作表制作过程中经常用到的操作，下面就来对插入单元格的操作做一简单介绍，具体操作步骤如下。

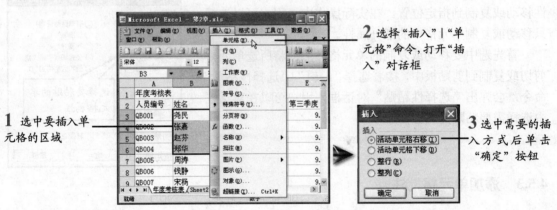

"插入"对话框中有4个插入选项，其含义分别如下。

❖ **活动单元格右移**：将空单元格插入到选中区域，原有的选中单元格及其右边的单元格自动右移。

❖ **活动单元格下移**：将空单元格插入到选中区域，原有的选中单元格及其下方的单元格自动下移。

❖ **整行**：在选中区域上方插入整行，插入的行数与选定区域的行数相等。

❖ **整列**：在选中区域左侧插入整列，插入的列数与选定区域的列数相等。

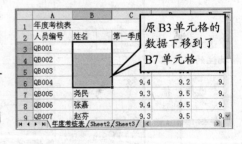

如果在上述例子中选择活动单元格下移，则操作完成后的表格效果如本页下右图所示。

4.5.5 插入行列

当需要插入行或列时，用户可以按以下步骤进行操作。

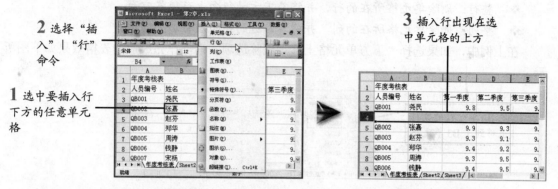

2 选择"插入"|"行"命令

1 选中要插入行下方的任意单元格

3 插入行出现在选中单元格的上方

如果在上述操作中选择"插入"|"列"命令，则会在选中单元格的左侧插入列。

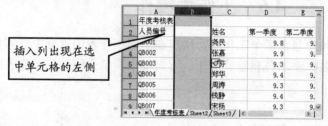

插入列出现在选中单元格的左侧

◆ 如果需要插入多行或多列，则选中与插入数相同的行列数，然后再执行插入行或插入列的操作。

经验交流

4.5.6 删除单元格

删除单元格操作是将单元格中的信息及单元格本身一起删除，这与前面所讲述的清除单元格是只清除单元格中的信息而不会将单元格本身删除是不同的。

删除单元格后，该单元格消失，其所在位置由其下方或右侧的单元格填充。删除单元格的操作方法如下。

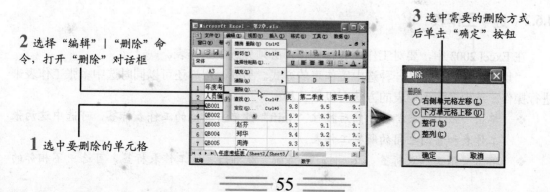

2 选择"编辑"|"删除"命令，打开"删除"对话框

1 选中要删除的单元格

3 选中需要的删除方式后单击"确定"按钮

"删除"对话框中有 4 个删除选项，其含义分别如下。

❖ **右侧单元格左移**：将选中单元格删除，并将其右边的单元格左移填充空白。

❖ **下方单元格上移**：将选中单元格删除，并将其下方的单元格上移填充空白。

❖ **整行**：删除单元格所在的行，并将其下方的行向上移填充空白。

❖ **整列**：删除单元格所在的列，并将其右边的列向左移填充空白。

在上例中，如果选择"下方单元格上移"删除选项，则操作完成后的表格效果如下图所示。

原 B4 单元格的数据上移到了 B3 单元格

4.6 工作表操作

通常一个 Excel 工作簿中包含多个工作表，用户在制作工作表的过程中，需要对这些工作表进行包括切换、重命名、添加与删除等操作。下面就来简单介绍一下工作表的操作。

4.6.1 切换工作表

要对某个工作表进行操作，必须使该工作表处于激活状态，即该工作表必须显示在电脑屏幕上，而在同一工作簿窗口中同一时刻只能显示一个工作表。当用户要对其他工作表进行操作的时候必须通过切换工作表的方式来激活该工作表。

切换工作表的方法如下。

单击"Sheet2"工作表标签，切换到 Sheet2 工作表

拖动该工作表拆分栏可调整工作表标签栏的宽度

如果工作表太多，不能在一个视图中显示出所有的工作表标签，可单击底部的标签方向键 ◄ ◄ ► ►I 滚动工作表标签栏来查找需要显示的工作表标签。

4.6.2 选中工作表

在 Excel 2003 中，要对工作表进行操作，必须先选中工作表。

"切换工作表"就是一种选中工作表的方式。另外，用户还可以同时选中多张工作表来进行操作。选中多张工作表的方法有以下几种。

❖ 单击一张工作表标签，然后按住"Shift"键单击其他的工作表标签，可选中这两张工作表和它们之间的所有工作表。

❖ 单击一张工作表标签，然后按住"Ctrl"键单击其他工作表标签，可选中不相邻的

多张工作表。

❖ 在任一工作表标签上单击鼠标右键，然后选择下拉菜单中的"选定全部工作表"命令，可选中工作簿中的所有工作表。

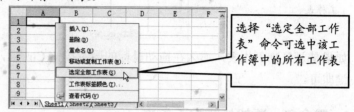

选择"选定全部工作表"命令可选中该工作簿中的所有工作表

❖ 选中多张工作表后，按住"Ctrl"键单击选中的工作表标签，可取消对该工作表的选取。

经验交流

4.6.3　移动或复制工作表

在 Excel 2003 中，工作表可以在同一工作簿中或者在不同的工作簿之间移动或复制。但是如果移动或复制在不同的工作簿之间进行时，源工作簿与目标工作簿都需要处于打开状态。

下面就来介绍移动或复制工作表的操作方法，具体操作步骤如下。

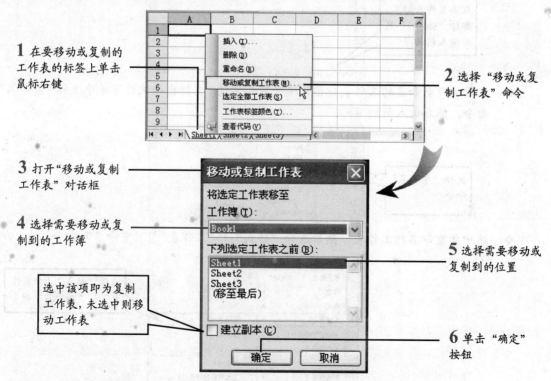

1 在要移动或复制的工作表的标签上单击鼠标右键

2 选择"移动或复制工作表"命令

3 打开"移动或复制工作表"对话框

4 选择需要移动或复制到的工作簿

5 选择需要移动或复制到的位置

选中该项即为复制工作表，未选中则移动工作表

6 单击"确定"按钮

此外，还可以利用鼠标拖动的方式移动或复制工作表。

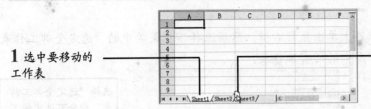

1 选中要移动的工作表

2 按下鼠标左键，将工作表拖动到需要的位置后释放鼠标左键即可将工作表移动到该位置

如果是要复制工作表，那么在拖动鼠标的同时按住 Ctrl 键，拖动到需要的位置后释放鼠标左键即可。

4.6.4 重命名、添加与删除工作表

为了方便识别工作表，通常会给工作表取一个名字，有时用户需要给工作表重新命名以方便识别。另外，用户还可以根据需要添加新的工作表和删除不用的工作表。

下面就来介绍一下工作表的重命名、添加和删除操作。

1. 重命名

对于一个新建的工作表，Excel 2003 会自动给它按 "Sheet1"、"Sheet2"、"Sheet3" ……的序号命名。用户可以根据需要将工作表重新命名，以方便查找需要的工作表。

给工作表重命名的方法有以下几种。

❖ 双击需要重新命名工作表的标签，然后输入名称。

双击工作表标签，删除 "Sheet1" 然后输入新名字

❖ 在需要重新命名的工作表标签处单击鼠标右键，在弹出的快捷菜单中选择 "重命名" 命令，然后输入新的名称。

选择 "重命名" 命令

❖ 选中要重命名的工作表，然后选择 "格式" | "工作表" | "重命名" 命令。

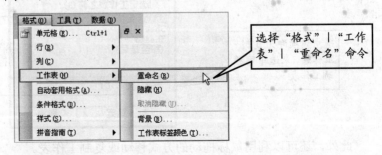

选择 "格式" | "工作表" | "重命名" 命令

2. 添加工作表

新建工作簿通常只包含 3 张工作表，当用户需要更多的工作表时，可以选择工作表右键菜单中的"插入"菜单命令，添加工作表的具体操作方法如下。

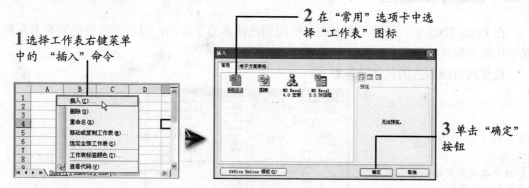

选择"插入"|"工作表"命令也可以添加工作表。

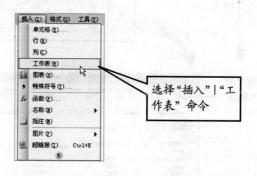

3. 删除工作表

有些工作表使用一段时间后就不再使用了，这时用户可以将不用的工作表删除。删除工作表的方法如下。

另外，还可以选择"编辑"|"删除工作表"命令来删除工作表。

选择"编辑"|"删除工作表"命令后也会出现一个"确认删除"对话框，单击"删除"按钮以删除工作表，若要保留工作表，则单击"取消"按钮退出删除操作。

4.6.5 设置网格线颜色

在 Excel 2003 中，新建工作表的网格线颜色通常是灰色的，用户可以根据需要来重新设置工作表中网格线的颜色。

设置网格线颜色的具体操作如下。

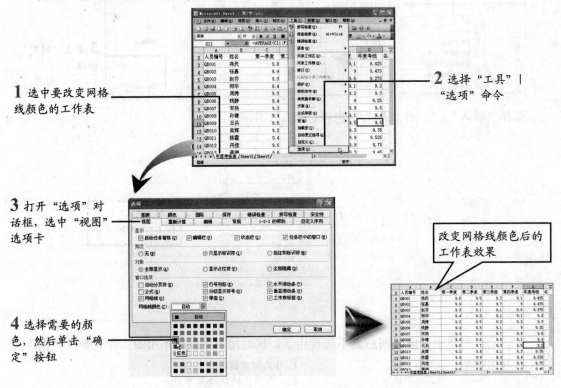

1 选中要改变网格线颜色的工作表

2 选择"工具"|"选项"命令

3 打开"选项"对话框，选中"视图"选项卡

改变网格线颜色后的工作表效果

4 选择需要的颜色，然后单击"确定"按钮

4.6.6 设置工作表标签颜色

为了使工作表更加美观，用户还可以更改工作表标签的颜色，其操作步骤如下。

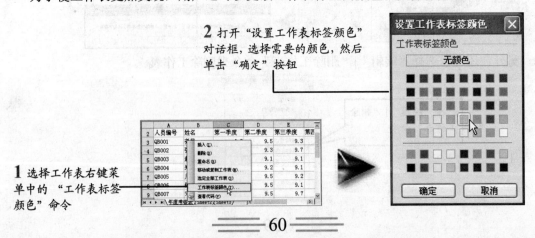

2 打开"设置工作表标签颜色"对话框，选择需要的颜色，然后单击"确定"按钮

1 选择工作表右键菜单中的"工作表标签颜色"命令

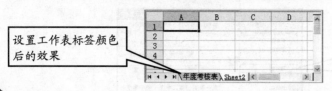

设置工作表标签颜色后的效果

◆ 改变了工作表标签的颜色后，如果要将工作表标签还原为默认的颜色，可以打开"设置工作表标签颜色"对话框，然后单击"无颜色"按钮。

一点就透

4.6.7　设置工作表的默认数量

在 Excel 2003 中，通常新创建的工作簿会包含 3 个工作表。工作表的默认数量是可以更改的。下面就来介绍一下怎样更改工作表的默认数量，具体操作步骤如下。

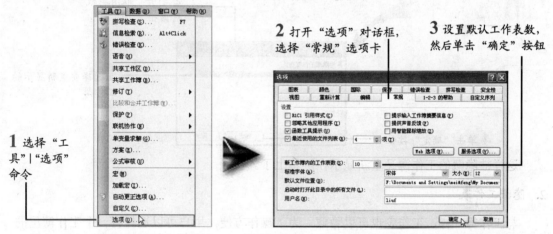

1 选择"工具"|"选项"命令

2 打开"选项"对话框，选择"常规"选项卡

3 设置默认工作表数，然后单击"确定"按钮

更改了新工作簿内的工作表数之后，再创建新的工作簿时，其包含的工作表数量就与设置的一样了。

4.6.8　隐藏操作

在 Excel 2003 中，用户可以根据需要将工作簿和工作表的全部或部分内容隐藏起来，从而减少屏幕上显示窗口的数据，避免不必要的改动并能起到保护重要数据的作用。

下面就来介绍一下隐藏工作簿、隐藏工作表和隐藏行列的操作方法。

1.　隐藏工作簿

当打开的工作簿数量很多时，用户操作起来非常麻烦。这时用户可以选择将有些暂时不用而又不想关闭的工作簿隐藏起来，从而避免在多个工作簿里来回切换。

隐藏工作簿的操作步骤如下。

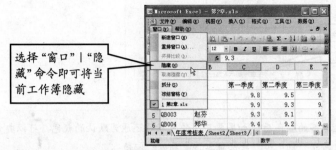

选择"窗口"｜"隐藏"命令即可将当前工作簿隐藏

这样，选中的工作簿就暂时隐藏起来了。

当需要对隐藏的工作簿进行操作时，就要将被隐藏的工作簿重新显示出来。

重新显示隐藏工作簿的操作步骤如下。

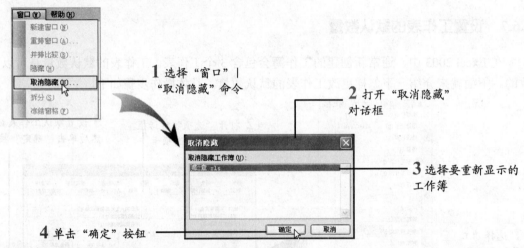

1 选择"窗口"｜"取消隐藏"命令

2 打开"取消隐藏"对话框

3 选择要重新显示的工作簿

4 单击"确定"按钮

这样被隐藏的工作簿又重新显示在屏幕上了。

2. 隐藏工作表

与工作簿一样，工作表也可以隐藏。为了操作方便，用户可以选择将一个工作簿里的一个或多个工作表隐藏起来。

隐藏工作表的操作方法如下。

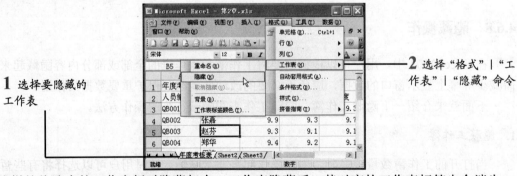

1 选择要隐藏的工作表

2 选择"格式"｜"工作表"｜"隐藏"命令

这样就将选中的工作表暂时隐藏起来。工作表隐藏后，其对应的工作表标签也会消失。当用户需要对该工作表进行操作时，必须重新显示工作表及其标签，然后才能切换到该工作表进行操作。重新显示隐藏工作表的操作方法如下。

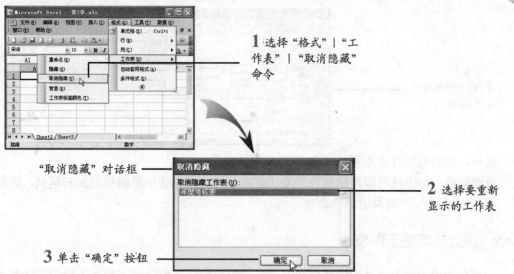

1 选择"格式"｜"工作表"｜"取消隐藏"命令

"取消隐藏"对话框

2 选择要重新显示的工作表

3 单击"确定"按钮

这样，被隐藏的工作表又重新显示出来了，工作表标签也出现在原来的位置上。

3. 隐藏行列

工作表使用过程中，某些行列中的数据可能暂时用不到，为了方便查看有用的数据，用户可以暂时将这些行列隐藏起来。隐藏行的操作方法如下。

1 选中"3~5"行

2 选择"格式"｜"行"｜"隐藏"命令

3 隐藏了第 3、4、5 行后的效果

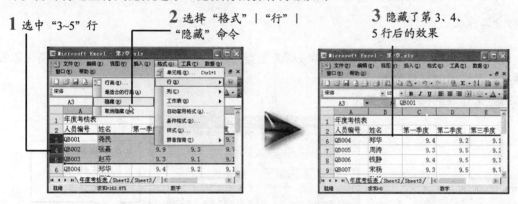

隐藏列的方法与隐藏行的基本相同。只需选中要隐藏的列，然后选择"格式"｜"列"｜"隐藏"命令即可。

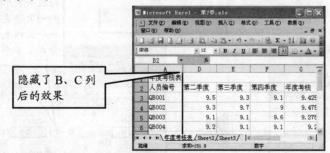

隐藏了 B、C 列后的效果

当需要用到隐藏行列中的数据时，必须重新显示被隐藏的行列。下面首先介绍怎样取消隐藏的行，具体操作步骤如下。

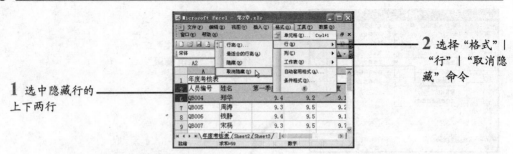

1 选中隐藏行的
上下两行

2 选择"格式"|
"行"|"取消隐
藏"命令

这样，被隐藏的行就重新显示出来了。

取消隐藏列的方法与取消隐藏行的方法基本相同。首先选中隐藏列的左右两列，然后选择"格式"|"列"|"取消隐藏"命令即可。

4.6.9　拆分与冻结工作表

用户在使用 Excel 的过程中经常会遇到这样的情况：需要比较工作表不同位置的数据来进行操作，只能通过频繁地拖动水平和垂直滚动条来查看数据，非常麻烦；工作表太大，查看工作表靠后的数据时，常常忘记这一行或列的数据代表的是什么内容。

现在，用户可以通过使用拆分工作表和冻结工作表轻松解决以上的问题。

下面就来介绍一下拆分和冻结工作表的方法。

1. 拆分工作表

Excel 可以将一个工作表按水平和（或）垂直方向拆分成很多个窗格。这些窗格可以独立地显示工作表的任意位置。

拆分工作表的操作方法如下。

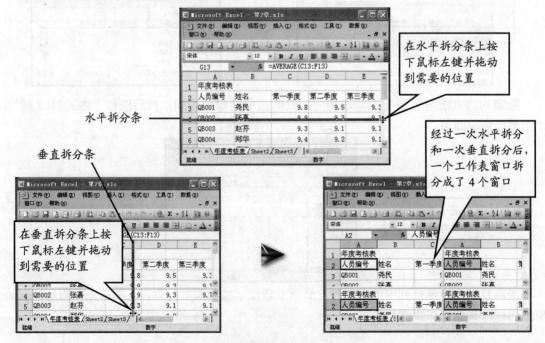

水平拆分条

垂直拆分条

在水平拆分条上按
下鼠标左键并拖动
到需要的位置

经过一次水平拆分
和一次垂直拆分后，
一个工作表窗口拆
分成了 4 个窗口

在垂直拆分条上按
下鼠标左键并拖动
到需要的位置

如果要恢复单窗口显示，只需用鼠标左键双击水平或垂直拆分条即可。

2. 冻结工作表

如果要在工作表滚动时，保持行列标志或其他数据始终可见，可以冻结工作表的顶端和左侧区域，冻结后的区域将始终保持可见状态。

冻结工作表的操作方法如下。

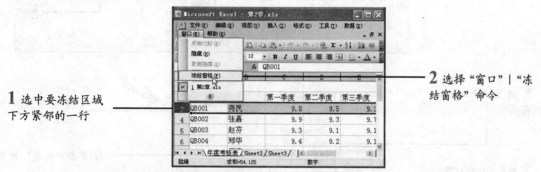

1 选中要冻结区域下方紧邻的一行

2 选择"窗口"|"冻结窗格"命令

上述是在窗口顶端生成水平冻结窗格的方法，在窗口左侧生成垂直冻结窗格与其基本相同，只需选定要冻结窗格右边紧邻的一列，然后选择"窗口"|"冻结窗格"命令即可。

同样，要同时在窗口顶部和左侧冻结窗格，只需选定要冻结窗格右下方的单元格，然后选择"窗口"|"冻结窗格"命令即可。

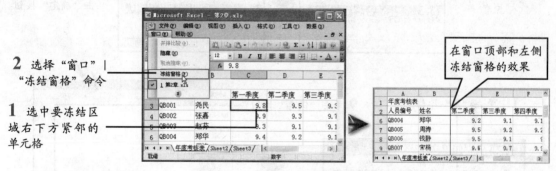

2 选择"窗口"|"冻结窗格"命令

1 选中要冻结区域右下方紧邻的单元格

在窗口顶部和左侧冻结窗格的效果

如果需要取消冻结窗口，再次选择"窗口"|"冻结窗格"命令即可。

4.7　工作簿安全

在 Excel 2003 中，用户可以为工作簿设置密码或将工作簿设置为只读打开方式来保护工作簿中的数据。下面就对这些安全措施进行简单的介绍。

4.7.1　设置打开工作簿密码

为了防止他人修改或浏览自己的工作簿，用户可以为工作簿设置一个修改或打开权限密码。

设置工作簿打开和修改权限密码的操作方法如下。

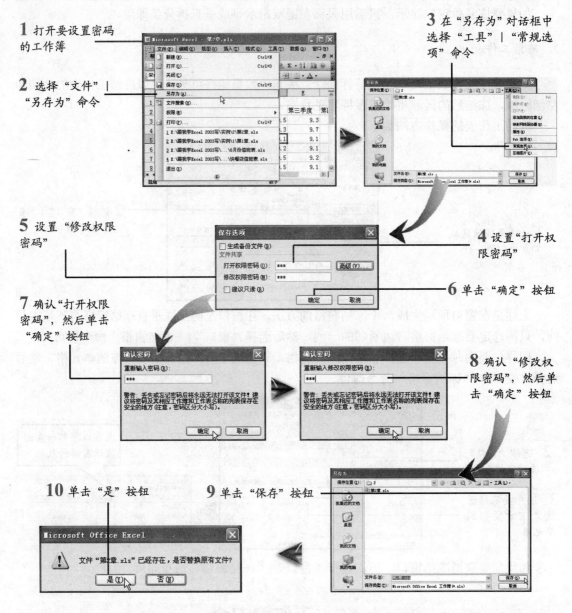

1 打开要设置密码的工作簿

2 选择"文件"| "另存为"命令

3 在"另存为"对话框中选择"工具"|"常规选项"命令

5 设置"修改权限密码"

4 设置"打开权限密码"

6 单击"确定"按钮

7 确认"打开权限密码",然后单击"确定"按钮

8 确认"修改权限密码",然后单击"确定"按钮

10 单击"是"按钮

9 单击"保存"按钮

这样该工作簿的打开和修改权限密码就设置好了,当用户重新打开该工作簿时,Excel就会弹出一个提示框,要求用户输入打开和修改权限密码,密码输入正确后,用户才能打开工作簿和具备对工作簿的修改权限。

另外,还可以使用"工具"|"选项"命令来进行安全设置,具体操作步骤如下。

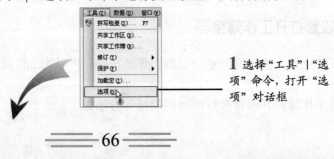

1 选择"工具"|"选项"命令,打开"选项"对话框

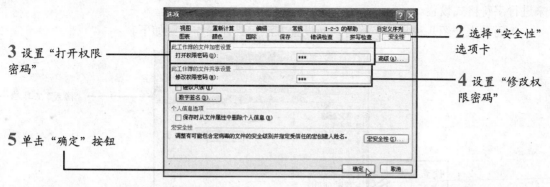

3 设置"打开权限密码"

2 选择"安全性"选项卡

4 设置"修改权限密码"

5 单击"确定"按钮

单击"确定"按钮后，也会弹出"确认密码"对话框，重新输入密码后单击"确定"按钮即可。

4.7.2 设置打开工作簿的"只读"方式

为了防止工作簿里的数据被人修改，用户可以将工作簿设置为以"建议只读"的方式打开。

设置打开工作簿"只读"方式的方法很简单，只需在"保存选项"对话框中或"选项"对话框的"安全性"选项卡中选择"建议只读"复选项即可。

选择"建议只读"复选项

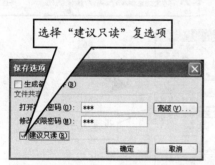

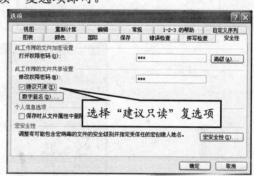

选择"建议只读"复选项

其余步骤与设置工作簿密码的基本相同，这里就不再详细介绍了。

4.8 设置单元格格式

要使制作的工作表更加美观、阅读起来更加方便，设置单元格格式这一步骤是非常必要的。单元格格式设置得恰当，可以使表格看起来简洁明了。

单元格格式包括字符格式、对齐方式、文字缩进、文字方向、数字格式和边框底纹等。下面就来介绍设置这些单元格格式的方法。

4.8.1 设置字符格式

单元格中的字符格式大致包括字体、字号、字形、颜色、下划线等。用户可以选中一个或多个单元格来对单元格进行整体的字符格式设置，也可以只选中某个单元格中的部分内容来进行字符格式设置。

下面就来介绍几种常用字符格式的设置方法，具体操作步骤如下。

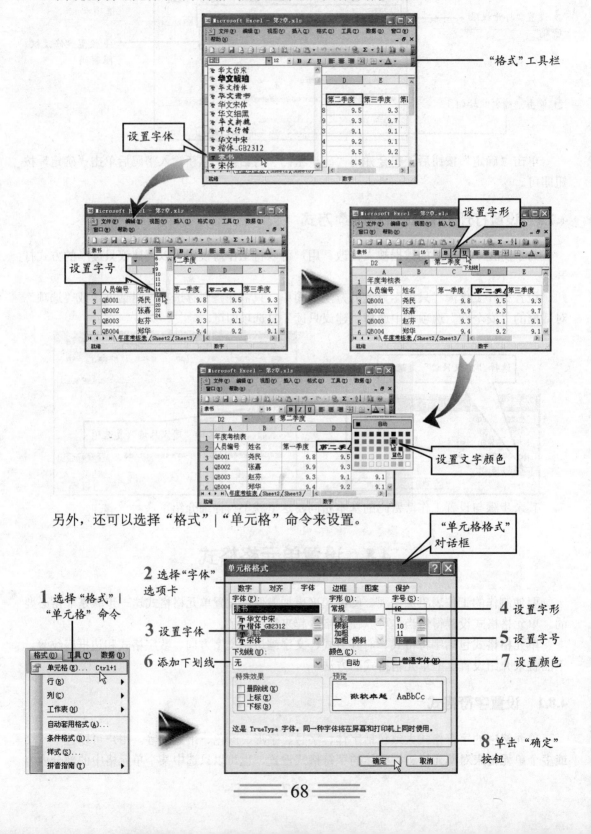

另外，还可以选择"格式"|"单元格"命令来设置。

设置完后的单元格效果如下。

设置完字符格式后的单元格效果

用户还可以利用组合键来设置字形。

❖ 加粗："Ctrl+B"组合键。

❖ 倾斜："Ctrl+I"组合键。

❖ 添加下划线："Ctrl+U"组合键。

4.8.2 设置单元格对齐方式

单元格的对齐方式包括水平对齐方式和垂直对齐方式。用户可以通过设置单元格的对齐方式来调整文本在单元格中的相对位置。

水平对齐方式包括常规、靠左（缩进）、居中、靠右（缩进）、填充、分散对齐(缩进) 、两端对齐和跨列居中等 8 种对齐方式。垂直对齐方式包括"靠上"、"居中"、"靠下"、"两端对齐"、"分散对齐"等 5 种垂直对齐方式。

通常，在工作表的"格式"工具栏中只有设置水平对齐方式的 3 个按钮：左对齐▤、居中▤和右对齐▤。其余的按钮可以在自定义工具栏中自行添加。

用户可以通过"单元格格式"对话框来对水平对齐和垂直对齐方式进行设置，方法如下。

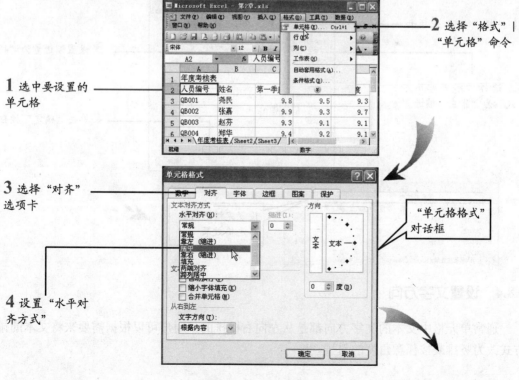

1 选中要设置的单元格

2 选择"格式"｜"单元格"命令

3 选择"对齐"选项卡

4 设置"水平对齐方式"

"单元格格式"对话框

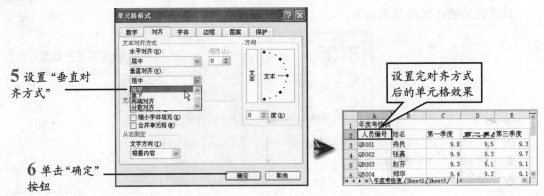

5 设置"垂直对齐方式"

6 单击"确定"按钮

设置完对齐方式后的单元格效果

4.8.3 设置缩进

在 Excel 2003 中，用户可以通过对水平方向上的"靠左"、"靠右"、"分散对齐" 3 种对齐方式设置缩进来调整单元格里的内容与单元格边框的距离。

3 种缩进方式的作用如下。

❖ "靠左（缩进）"，设置单元格内容与左边框的距离。

❖ "靠右（缩进）"，设置单元格内容与右边框的距离。

❖ "分散对齐（缩进）"，设置单元格内容与左右两边边框的距离。

下面就以"靠左（缩进）"为例来介绍一下设置缩进的方法。

首先选中要设置缩进的单元格，然后选择"格式"|"单元格"命令打开"单元格格式"对话框。

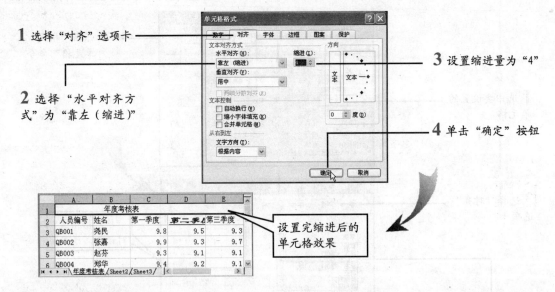

1 选择"对齐"选项卡

2 选择"水平对齐方式"为"靠左（缩进）"

3 设置缩进量为"4"

4 单击"确定"按钮

设置完缩进后的单元格效果

4.8.4 设置文字方向

通常单元格中文本的文字方向都是从左向右横排的，用户可以根据需要来将文本的排列方式改为竖排或按任意角度的斜排。

下面就来介绍一下设置文字方向的方法，具体操作步骤如下。

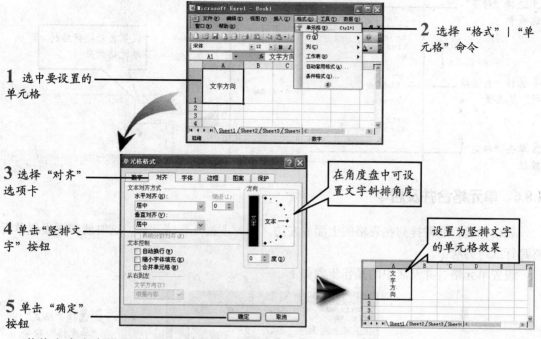

1 选中要设置的单元格

2 选择"格式"|"单元格"命令

3 选择"对齐"选项卡

4 单击"竖排文字"按钮

5 单击"确定"按钮

在角度盘中可设置文字斜排角度

设置为竖排文字的单元格效果

若将文字方向设置为 45°，则单元格效果如下。

设置为 45°斜排文字的单元格效果

4.8.5 设置自动换行

通常，无论单元格中的内容有多少，这些内容都只能在一行中显示出来。如果单元格宽度不足以将所有内容显示出来，那么超过单元格宽度的内容将被右边单元格中的内容遮挡住。虽然用户可以按下"Alt+Enter"组合键强制插入一个回车符进行换行，但是这样不方便用户以后再更改单元格的宽度。这时，用户可以通过设置自动换行来使单元格中的内容分多行显示在同一单元格中。

设置单元格自动换行的操作步骤如下。

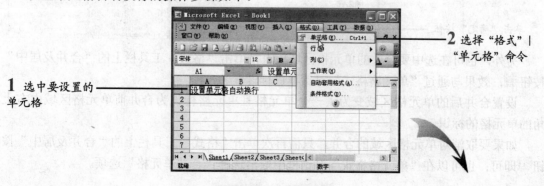

1 选中要设置的单元格

2 选择"格式"|"单元格"命令

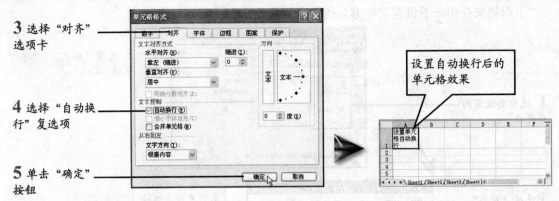

3 选择"对齐"选项卡

4 选择"自动换行"复选项

5 单击"确定"按钮

设置自动换行后的单元格效果

4.8.6 单元格合并及居中

表格标题行通常排列在表格的上面或左边，同时占据几行或几列，这时就需要设置单元格跨行或跨列居中。

设置单元格合并及居中的操作步骤如下。

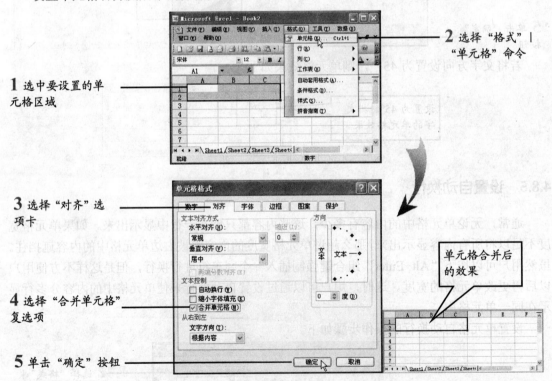

1 选中要设置的单元格区域

2 选择"格式"|"单元格"命令

3 选择"对齐"选项卡

4 选择"合并单元格"复选项

5 单击"确定"按钮

单元格合并后的效果

另外，也可在选中要合并的单元格区域后直接单击"格式"工具栏上的"合并及居中"按钮，效果与通过"单元格格式"对话框进行设置的一样。

设置合并后的单元格区域变为了一个单元格且单元格标识为合并前单元格区域内右上角的单元格的标识。

如果要取消对单元格区域的合并，只需再次单击"格式"工具栏上的"合并及居中"按钮即可；也可以在"单元格格式"对话框中取消选择"合并单元格"选项。

4.8.7 设置数字格式

数字格式是指包含数字的数据在工作表中的显示方式。

Excel 2003 中各种数字格式的含义如下。

❖ 常规：不包含任何特定的数字格式。

❖ 数值：表示一般数字，可选择小数位数、是否具有千分位分隔符以及负数的显示方式。

❖ 货币：表示货币数值，可添加各种货币符号。

❖ 会计专用：在货币格式的基础上对齐货币符号和小数点。

❖ 日期：显示各种格式的日期和时间。

❖ 百分比：显示各种百分数形式。

❖ 分数：显示各种分数格式。

❖ 科学计数：显示科学计数格式。

❖ 文本：将数字作为文本处理。

❖ 特殊：包含邮政编码、电话号码、中文小写数字和中文大写数字等特殊格式。

用户可以使用"格式"工具栏和"单元格格式"对话框来进行数据格式设置。

通常"格式"工具栏上提供了 5 种较常用的设置单元格数据格式的按钮，方便用户的操作。

❖ "货币样式"按钮，显示为货币数值。

❖ "百分比样式"按钮，用百分数表示的数字。

❖ "千位分隔样式"按钮，以逗号分隔千分位数字。

❖ "增加小数位数"按钮，增加小数点后的位数。

❖ "减少小数位数"按钮，减少小数点后的位数。

使用"单元格格式"对话框进行数据格式设置的方法如下。首先选定需要设置数据格式的单元格，然后选择"格式"|"单元格"命令打开"单元格格式"对话框。

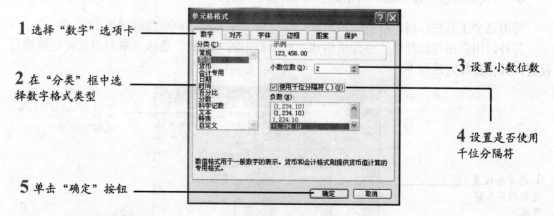

4.8.8 设置单元格边框

为工作表绘制边框可以使表格看起来层次分明，便于阅读。用户可以使用"格式"工具栏、"单元格格式"对话框或"边框"工具栏来设置单元格边框。

下面就来介绍一下设置单元格边框的方法。

最直接、最方便的方法就是使用"格式"工具栏来设置单元格边框，具体操作步骤如下。

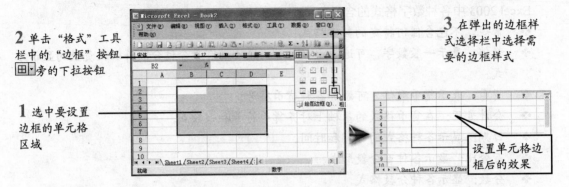

2 单击"格式"工具栏中的"边框"按钮旁的下拉按钮

1 选中要设置边框的单元格区域

3 在弹出的边框样式选择栏中选择需要的边框样式

设置单元格边框后的效果

用户也可以在弹出的边框样式选择栏中选择"绘制边框"命令，这和选择"视图"|"工具栏"|"边框"命令的作用是一样的。执行以上操作后会弹出"边框"工具栏。

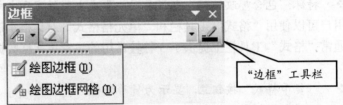

"边框"工具栏

"边框"工具栏有 4 个按钮，它们的作用如下。

❖ "绘制边框"按钮，其下有 2 个可选项：绘图边框（仅绘制外框线）和绘图边框网格（绘制内外框线）。

❖ "擦除边框"按钮，用于擦除不需要的框线。

❖ "线条样式"按钮，用于设置边框的线条样式。

❖ "线条颜色"按钮，用于设置边框的线条颜色。

使用这个工具栏，用户可以非常方便、快捷地为单元格绘制或擦除边框。

另外，用户还可以使用"单元格格式"对话框中的"边框"选项卡来对单元格边框进行设置，具体操作方法如下。

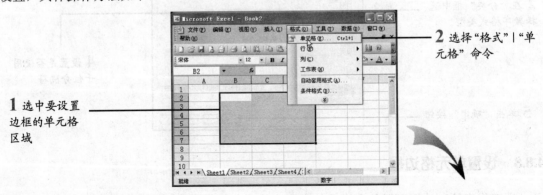

1 选中要设置边框的单元格区域

2 选择"格式"|"单元格"命令

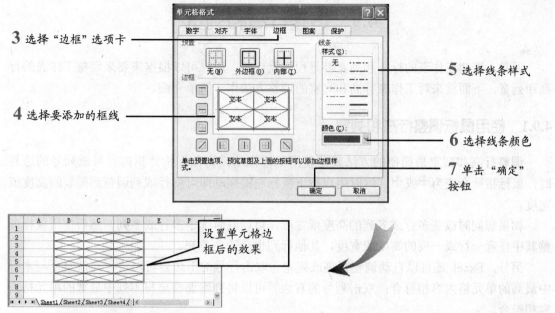

3 选择 "边框" 选项卡

4 选择要添加的框线

5 选择线条样式

6 选择线条颜色

7 单击 "确定" 按钮

设置单元格边框后的效果

4.8.9 设置单元格底纹

在 Excel 2003 中，用户可以通过 "格式" 工具栏中的 "填充颜色" 按钮 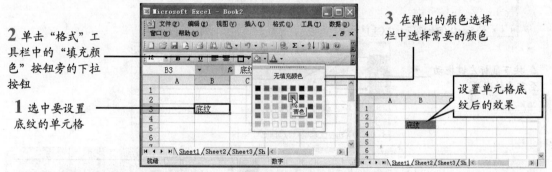 或 "单元格格式" 对话框中的 "图案" 选项卡来设置单元格底纹，具体操作方法如下。

2 单击 "格式" 工具栏中的 "填充颜色" 按钮旁的下拉按钮

1 选中要设置底纹的单元格

3 在弹出的颜色选择栏中选择需要的颜色

设置单元格底纹后的效果

用户也可以打开 "单元格格式" 对话框来进行单元格底纹的设置。

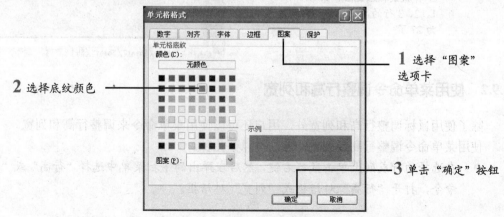

2 选择底纹颜色

1 选择 "图案" 选项卡

3 单击 "确定" 按钮

4.9　调整行高和列宽

通常，新建工作表的行高和列宽都是程序默认的。用户可以根据需要来调整工作表的行高和列宽。下面就来对工作表行高和列宽的调整方法作一简单介绍。

4.9.1　使用鼠标调整行高和列宽

调整行高和列宽最简便的方法就是使用鼠标拖动，将鼠标指针指向行号或列号的边界时，鼠标指针会变为 ✛ 或 ✛；这时用户按下鼠标左键拖动即可将行或列调整到需要的高度或宽度。

如果想同时改变多行或多列的高度或宽度，可以同时选中多行或多列，然后使用鼠标调整其中任意一行或一列的高度或宽度，其他行列也会随之改变。

另外，Excel 还可以自动调整行高或列宽。双击行号的下边界可以将行高调整至与本行中最高的单元格内容相符合；双击列号的右边界可以将列宽调整至与本列中最宽的单元格内容相符合。

下面以调整多行行高的方法为例介绍怎样调整工作表的行高和列宽，操作步骤如下。

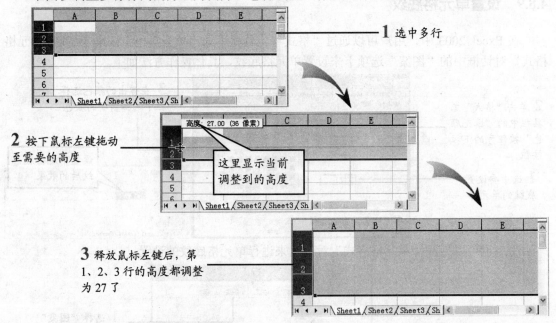

4.9.2　使用菜单命令调整行高和列宽

除了使用鼠标调整行高和列宽外，用户还可以使用菜单命令来调整行高和列宽。

使用菜单命令调整行高或列宽的方法有以下几种。

❖　在选择的行或列上单击鼠标右键，然后在弹出的下拉菜单中选择"行高"或"列宽"命令，打开"行高"对话框或"列宽"对话框。

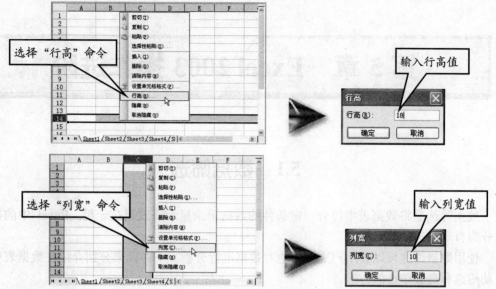

❖ 选择"格式"|"行"|"行高"命令或"格式"|"列"|"列宽"命令，打开"行高"对话框或"列宽"对话框。

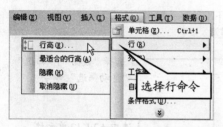

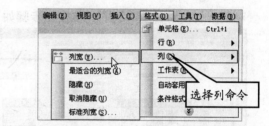

❖ 选择"格式"|"行"|"最适合的行高"命令或"格式"|"列"|"最适合的列宽"命令来设置选定行的最合适的行高以及选定列的最合适列宽。

❖ 选择"格式"|"列"|"标准列宽"命令来设置所有列的标准列宽。

第 5 章 Excel 2003 操作进阶

5.1 数据筛选

数据筛选是将数据表中符合一定条件的数据记录显示或放置在一起。Excel 中的数据筛选分为自动筛选和高级筛选。

使用数据筛选可以让用户更方便地对数据进行分析。下面就来分别介绍在数据表中使用自动筛选和高级筛选的方法。

5.1.1 自动筛选

对数据表使用自动筛选的具体操作步骤如下。

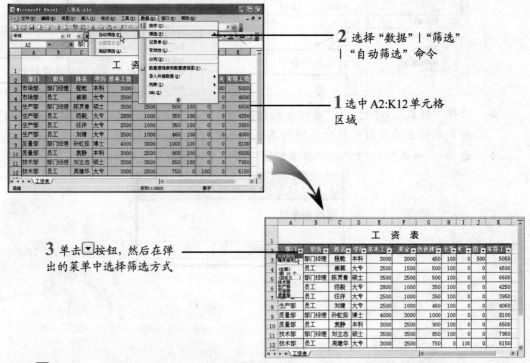

2 选择"数据" | "筛选" | "自动筛选" 命令

1 选中 A2:K12 单元格区域

3 单击 按钮，然后在弹出的菜单中选择筛选方式

单击 按钮后，弹出的下拉列表框中有很多选项，这些选项的含义是如下。

❖ 升序排列，将筛选出的数据按升序排列。

❖ 降序排列，将筛选出的数据按降序排列。

❖ （全部），显示所有数据。

❖　（前 10 个……），显示排序后的前 10 个数据。

❖　（自定义……），打开"自定义自动筛选方式"对话框，对数据筛选方式进行设置。

❖　分类选项，只显示选中的分类项。分类选项会随着对不同列的筛选而显示不同的选项。

如果选择了"（自定义……）"命令，还将弹出一个"自定义自动筛选方式"对话框，在对话框中，用户可以对数据的筛选方式进行设置。下面以"基本工资"数据列为例来介绍怎样设置自定义自动筛选方式。

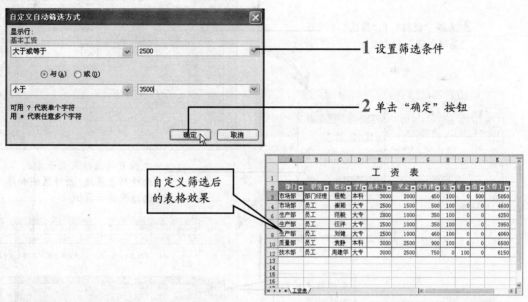

当数据项大于 10 个时，如果选择了"（前 10 个……）"命令，还会弹出一个对话框，让用户设置需要显示出来的数据项。以"基本工资"数据列为例来介绍怎样设置数据的显示个数或百分比。

5.1.2　高级筛选

高级筛选可以设定多个条件来对数据进行筛选。但是在执行数据记录的高级筛选之前，必须先创建一个条件区域，以作为筛选时的筛选条件。用户可以通过输入或复制的方式，在工作表单元格中设定需要的筛选条件。高级筛选条件可以包括一列中的多个字符、多列中的多个条件和作为公式结果生成的条件。

使用高级筛选来对数据进行筛选的具体操作步骤如下。

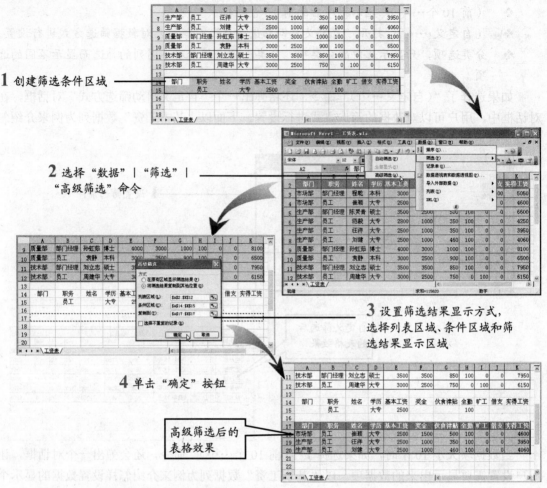

1 创建筛选条件区域

2 选择"数据"|"筛选"|"高级筛选"命令

3 设置筛选结果显示方式，选择列表区域、条件区域和筛选结果显示区域

4 单击"确定"按钮

高级筛选后的表格效果

这样，对"工作表"的高级筛选就完成了。

5.1.3 取消筛选

对数据清单进行筛选之后，如果要将原来的数据清单全部显示出来，可按以下步骤进行。

❖ 对于自动筛选，进行筛选后，选择"数据"|"筛选"|"全部显示"命令或者再次单击▾按钮，在弹出的下拉列表中选择"（全部）"选项即可取消对数据的筛选。

1 单击▾按钮，然后在弹出的下拉列表中选择"（全部）"选项

2 选择"数据"|"筛选"|"全部显示"命令

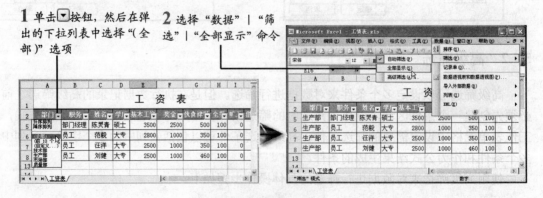

❖ 对于高级筛选，只有在将筛选结果显示在原有区域上时才有必要利用取消筛选来显示全部数据。取消高级筛选的方法很简单，只需选择"数据"|"筛选"|"全部显示"命令即可。

5.2　分类汇总

分类汇总能根据数据库中的某一列数据将所有记录分类，然后对每一类中的指定数据进行汇总运算。这些汇总运算包括求和、计数、平均值、最大值、最小值、乘积和数值计数等。

分类汇总在数据分析上对用户是很有帮助的，它可以很方便地显示出各个分类中的有效数据，为用户调整方案提供帮助。

下面就来介绍怎样创建和删除分类汇总以及在分类汇总中的一些操作。

5.2.1　创建分类汇总

创建分类汇总的操作步骤如下。

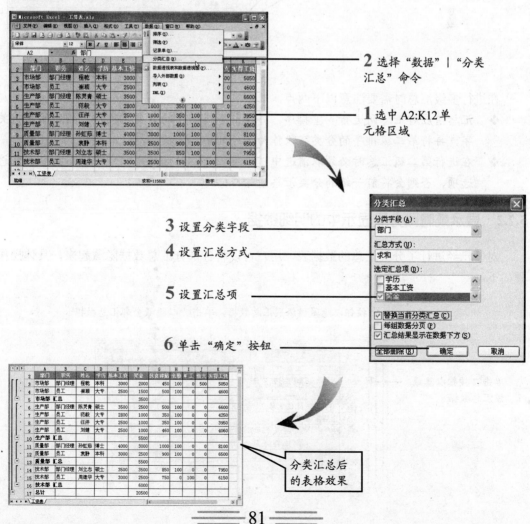

对已进行了汇总的数据表，用户还可以再进行分类汇总，即多级汇总。具体操作步骤如下。首先选中全部数据区域，然后选择"数据"|"分类汇总"命令打开"分类汇总"对话框。

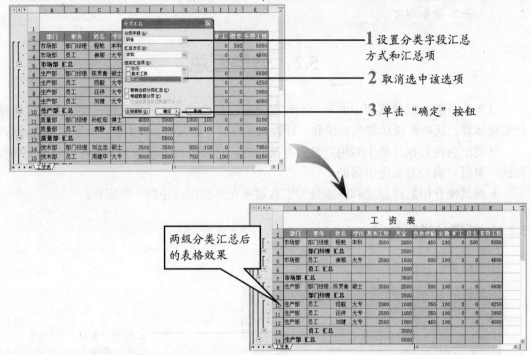

1 设置分类字段汇总方式和汇总项

2 取消选中该选项

3 单击"确定"按钮

两级分类汇总后的表格效果

在进行多级汇总时需要注意以下两点。

❖ 汇总前应对汇总列进行多重排序，并将第一级排序的分类字段作为排序的第一关键字，再将第二级排序的分类字段作为排序的第二关键字，依此类推。

❖ 在进行第二级汇总时必须取消选中"分类汇总"对话框中的"替换当前分类汇总"选项，否则会将前一级的分类汇总清除掉。

5.2.2 显示或隐藏分级显示中的明细数据

对于已经进行了分类汇总的数据表，用户可以将各部分汇总数据隐藏起来，具体操作步骤如下。

单击 2 或 3 按钮以隐藏该级别汇总数据，单击 1 以隐藏全部汇总数据

单击 — 按钮以隐藏该汇总数据

有时，分级显示符号 ⬚1⬚2⬚3⬚4 、➕ 和 ➖ 没有在工作表中显示出来，用户可以通过以下操作将它们显示出来。

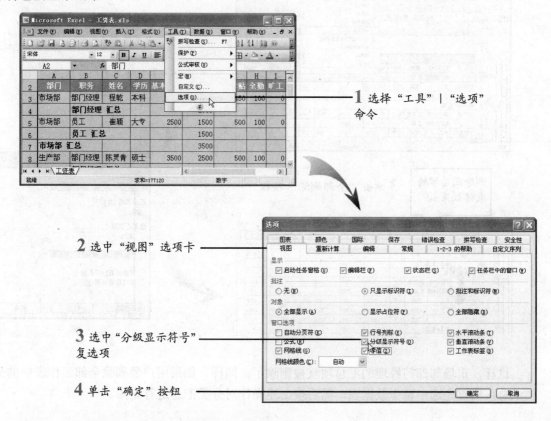

1 选择"工具"|"选项"命令

2 选中"视图"选项卡

3 选中"分级显示符号"复选项

4 单击"确定"按钮

这样，分级显示符号都在工作表中显示出来了。

隐藏了汇总数据后，如果用户要将它们重新显示出来，可按以下步骤进行操作。

单击 ⬚2 或 ⬚3 按钮以显示该级别汇总数据，单击 ⬚4 按钮以显示全部汇总数据

单击 ➕ 按钮以显示该汇总数据

5.2.3 删除分类汇总

如果用户不再需要在数据表中使用分类汇总，可以将已创建的分类汇总删除掉，此操作不会影响数据清单中的数据记录。当在数据清单中删除分类汇总时，同时也将删除对应的分级显示。

删除分类汇总的操作步骤如下。

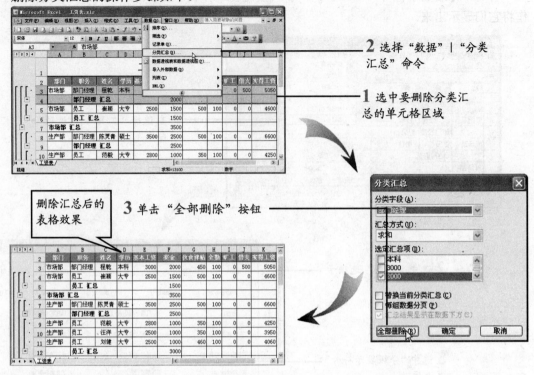

2 选择"数据" | "分类汇总"命令

1 选中要删除分类汇总的单元格区域

删除汇总后的表格效果

3 单击"全部删除"按钮

这样，市场部部门经理的汇总项就被删除了。同样，如果用户要删除全部工作表中的分类汇总，应首先选中整个数据表，然后按上述操作对分类汇总进行删除。

5.3　使用公式

对工作表数据以及普通常量进行运算的方程式称为公式。公式中包含公式起始符"="、运算符、单元格引用和常量。创建公式时可以直接在单元格中输入，也可以在"编辑栏"中输入。

5.3.1　输入公式

在单元格中输入公式的操作步骤如下。

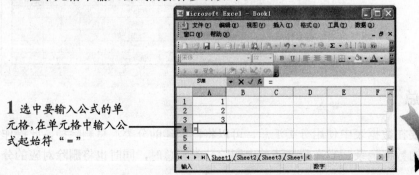

1 选中要输入公式的单元格，在单元格中输入公式起始符"="

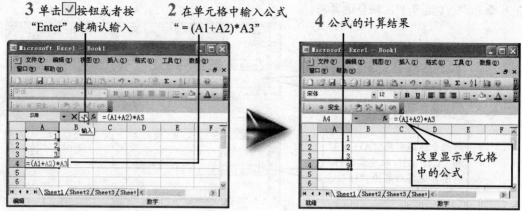

3 单击 ☑ 按钮或者按　　2 在单元格中输入公式　　　　4 公式的计算结果
"Enter"键确认输入　　　"=(A1+A2)*A3"

这里显示单元格
中的公式

5.3.2　公式中的运算符

公式中的运算符一般包括以下 4 种类型。

❖　算术运算符，用于完成基本的数学运算；"+（加）"、"–（减或负数）"、"*（乘）"、
　　"/（除）"、"%（百分比）"和"^（乘幂）"都属于算术运算符。

❖　比较运算符，用于比较两个数值并产生逻辑值 TRUE 或 FALSE；"=（相等）"、">
　　（大于）"、"<（小于）"、">=（大于等于）"、"<=（小于等于）"和"<>（不等于）"
　　都属于比较运算符。

❖　文本运算符，用于将一个或多个文本连接为一个组合文本；文本运算符只有一个，
　　就是"&（连字符）"。

❖　引用运算符，用于将单元格区域合并计算；":（冒号）"、",（逗号）"和空格符都
　　属于引用运算符。

算术运算符和比较运算符是平时大家使用比较多的，这里就不再进行介绍。下面就重点
介绍一下文本运算符和引用运算符的使用方法。

❖　"&（连字符）"。

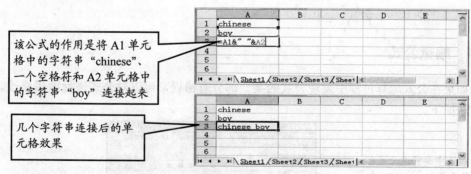

该公式的作用是将 A1 单元
格中的字符串"chinese"、
一个空格符和 A2 单元格中
的字符串"boy"连接起来

几个字符串连接后的单
元格效果

❖　":（冒号）"，区域运算符。

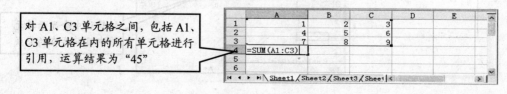

对 A1、C3 单元格之间，包括 A1、
C3 单元格在内的所有单元格进行
引用，运算结果为"45"

❖ ", （逗号）"，联合运算符。

对两个区域引用 "A1: C3"
和 "E1: E3" 取并集进行引
用，运算结果为 "81"

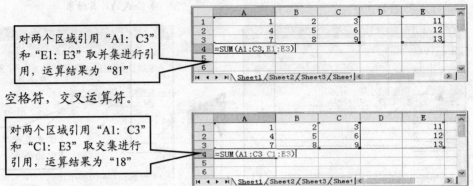

❖ 空格符，交叉运算符。

对两个区域引用 "A1: C3"
和 "C1: E3" 取交集进行
引用，运算结果为 "18"

5.3.3 运算符的优先级

在一个公式中常常会出现多种运算符，Excel 会按一定的优先级来对这些运算符进行逐个的计算，优先级相对较高的运算符先进行运算，接下来再运算优先级较低的运算符。

Excel 中运算符的运算优先级按从高到低的顺序排列如下。

❖ ": （冒号）"，区域运算符。

❖ ", （逗号）"，联合运算符。

❖ 空格符，交叉运算符。

❖ "( ) （括号）"。

❖ "- （负号）"。

❖ "% （百分比）"。

❖ "^ （乘幂）"。

❖ "* （乘）" 和 "/ （除）"。

❖ "+ （加）" 和 "- （减）"。

❖ "= （相等）"、"> （大于）"、"< （小于）"、">= （大于等于）"、"<= （小于等于）" 和 "<> （不等于）"，比较运算符。

5.3.4 编辑公式

如果在公式运算过程中发现公式的某一部分有错误，可以对公式进行编辑修改。具体操作方法如下。

1 选中要修改公式的
单元格

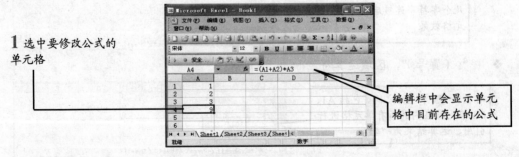

编辑栏中会显示单元
格中目前存在的公式

2 在编辑栏中单击鼠标左键，将"*"号改为"/"号后单击 ☑ 按钮

3 修改公式后的计算结果

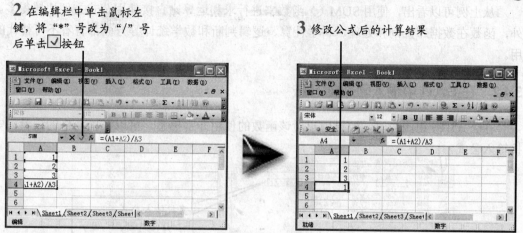

5.4 使用函数

Excel 提供了大量的内置函数，这些函数能完成特定的数据运算，如数值统计、财务报表、科学计算（如三角函数）和逻辑判断等。

下面就来介绍怎样在 Excel 中使用函数。

5.4.1 在公式中使用函数的优势

使用函数可以简化公式计算，还能极大地丰富、提高公式的作用。如果不使用函数，公式编辑将变得相当复杂和繁琐，而且公式的应用范围也会受到很大的制约。

下面就通过实际的例子来说明函数在公式使用中的重要作用。

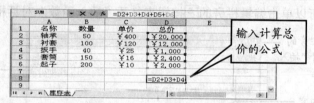

输入计算总价的公式

在上例中，要计算所有工具的总价值，输入了求和公式"=D2+D3+D4+D5+D6"，由于工具类别不多，所以这样求和的工作量还不算很大。但是如果有成百上千种工具的时候，用户还像这样输入公式，那时间就白白浪费在输入公式上了。下面介绍怎样使用自动求和函数来对数据进行自动求和。

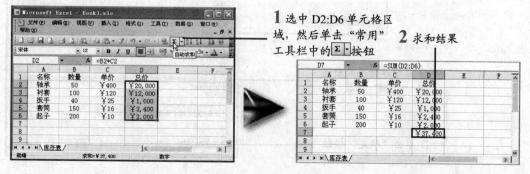

1 选中 D2:D6 单元格区域，然后单击"常用"工具栏中的 Σ 按钮

2 求和结果

从上例可以看出，使用 SUM（）函数来进行求和运算比直接使用公式方便快捷得多。另外，函数在数据库查询和处理、科学计算、逻辑判断和数学统计等方面都有着不可替代的作用。

5.4.2　在 Excel 中输入函数的方法

在公式中使用函数时，如果用户对该函数的使用非常熟悉，可以在单元格的编辑栏中直接输入公式。

如果用户对函数的使用方法不太了解或者不知道应该使用哪个函数，那么用户可以使用"插入函数"对话框来查找和插入函数。使用"插入函数"对话框来插入函数的具体操作步骤如下。

另外，还可以单击编辑栏旁的按钮来打开"插入函数"对话框。

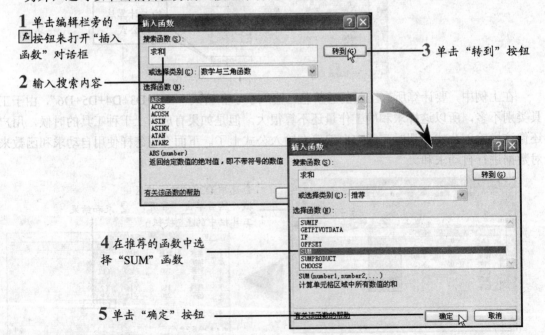

如果用户知道所需的函数是属于哪个类别的函数，还可以直接在"插入函数"对话框中选择"函数类别"，然后在"选择函数"列表框中选择需要的函数。

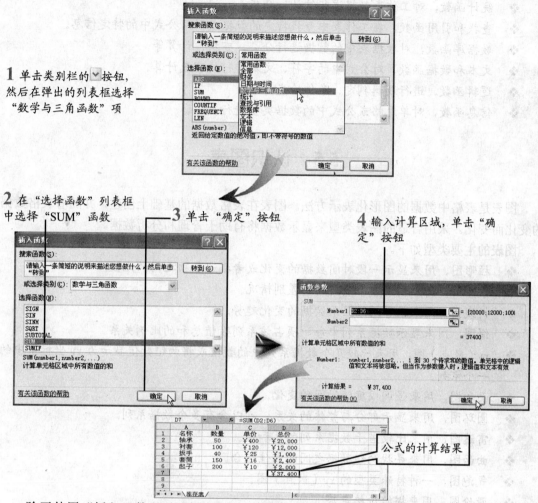

1 单击类别栏的☑按钮，然后在弹出的列表框选择"数学与三角函数"项

2 在"选择函数"列表框中选择"SUM"函数

3 单击"确定"按钮

4 输入计算区域，单击"确定"按钮

公式的计算结果

除了使用"插入函数"对话框之外，用户还可以使用编辑栏旁的"函数"列表框来选择需要插入的函数。"函数"列表框平常是不显示出来的，只有在单元格中输入了公式起始符"="的时候，"函数"列表框才会显示在编辑栏的旁边。

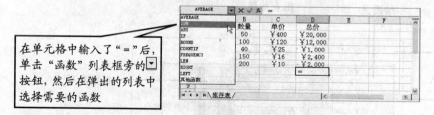

在单元格中输入了"="后，单击"函数"列表框旁的☑按钮，然后在弹出的列表中选择需要的函数

5.4.3 Excel 函数的分类

在 Excel 2003 中，函数按其功能用途可以大致分为以下几个大类。

❖ 财务函数，用于财务分析和财务数据的计算。

❖ 日期和时间函数，对日期和时间进行计算、修改和格式化处理。

❖ 数学和三角函数，可以处理简单和复杂的数学计算。

❖ 统计函数，对工作表数据进行统计、分析。

❖ 查找和引用函数，在工作表中查找特定的数据或引用公式中的特定信息。

❖ 数据库函数，对数据表中的数据进行分类、查找、计算等。

❖ 文本和数据函数，对公式中的字符、文本进行处理或计算。

❖ 逻辑函数，进行逻辑判定、条件检查。

❖ 信息函数，对单元格或公式中的数据类型进行判定。

5.5 认识图表

图表是表格中数据的图形化表示方法。图表在表格数据的基础上创建，并随着表格数据的变化而变化。采用合适的图表类型来显示数据将有助于管理和分析数据。

图表的主要类型如下。

❖ 柱形图，用来显示一段时间数据的变化或者描述各项之间的比较。

❖ 条形图，用来描述各个项之间的差别情况。

❖ 折线图，用来以等间隔显示数据的变化趋势。

❖ 饼图，用来显示数据系列中每一项占该系列数值总和的比例关系。

❖ xy（散点）图，用来比较几个数据系列中的数值或将两组数值显示为 xy 坐标系中的一个系列。

❖ 面积图，用来强调幅度随时间的变化。

❖ 圆环图，用来显示部分与整体的关系，可以含有多个数据系列。

❖ 雷达图，用来比较若干数据系列的总和值。

❖ 曲面图，用来寻找两组数据之间的最佳组合。

❖ 气泡图，一种特殊类型的 xy（散点）图。

❖ 股价图，用来描绘价格走势。

❖ 圆锥、圆柱和棱锥图，与柱形图和条形图类似。

下面以柱形图为例来介绍一下图表的大致组成。

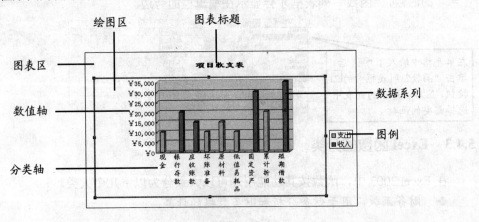

5.6   创建数据图表

创建数据图表一般有两种方法：使用"图表"工具栏和使用"图表向导"。创建的数据图表可以作为一个单独的工作表，也可以插入到其他工作表当中去。

下面就来分别介绍创建数据图表的两种方法。

5.6.1   使用"图表"工具栏创建图表

在 Excel 2003 中，一般情况下"图表"工具栏是隐藏起来的。用户要使用"图表"工具栏创建图表，首先要将"图表"工具栏显示出来，具体操作步骤如下。

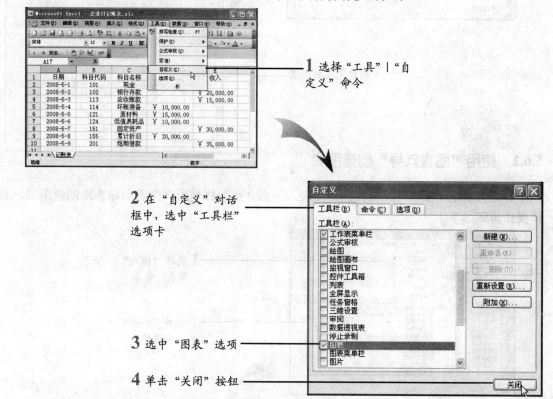

1 选择"工具"|"自定义"命令

2 在"自定义"对话框中，选中"工具栏"选项卡

3 选中"图表"选项

4 单击"关闭"按钮

另外还可以直接在其他工具栏上单击鼠标右键，然后在弹出的列表中选择"图表"选项。

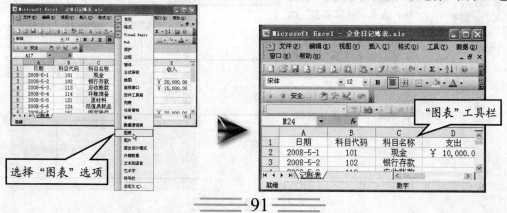

选择"图表"选项

"图表"工具栏

这样，"图表"工具栏就显示出来了。

接下来介绍怎样创建图表，具体操作步骤如下。

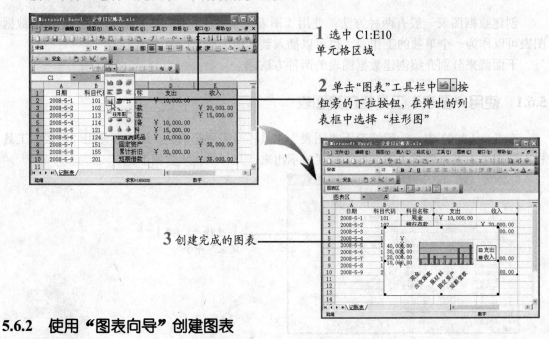

1 选中 C1:E10 单元格区域

2 单击"图表"工具栏中 按钮旁的下拉按钮，在弹出的列表框中选择"柱形图"

3 创建完成的图表

5.6.2 使用"图表向导"创建图表

介绍完使用"图表"工具栏创建图表，下面介绍怎样使用"图表向导"来创建图表，具体操作步骤如下。

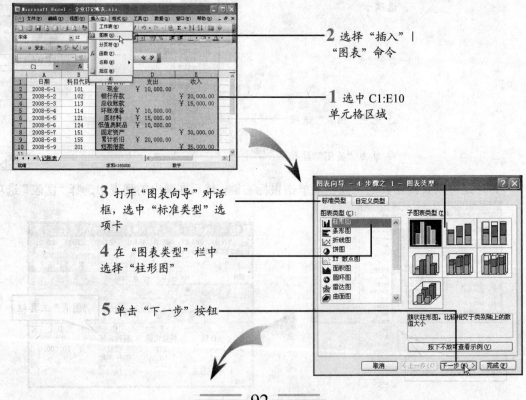

2 选择"插入"|"图表"命令

1 选中 C1:E10 单元格区域

3 打开"图表向导"对话框，选中"标准类型"选项卡

4 在"图表类型"栏中选择"柱形图"

5 单击"下一步"按钮

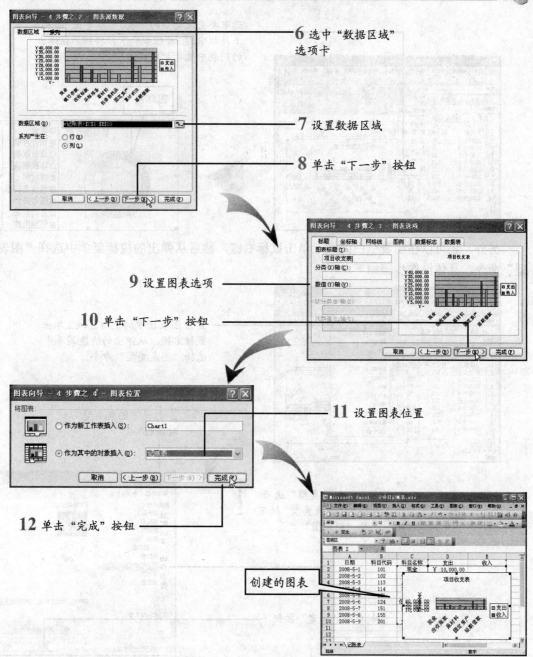

6 选中"数据区域"选项卡

7 设置数据区域

8 单击"下一步"按钮

9 设置图表选项

10 单击"下一步"按钮

11 设置图表位置

12 单击"完成"按钮

创建的图表

　　这样，图表就创建完成了，未经格式设置的图表看起来很不美观，数据也不清晰。稍后再对图表格式进行设置。

5.7 更改图表类型

　　图表创建好之后，若用户对当前创建的图表类型不满意，还可以改变图表的类型。更改图表类型的具体操作步骤如下。

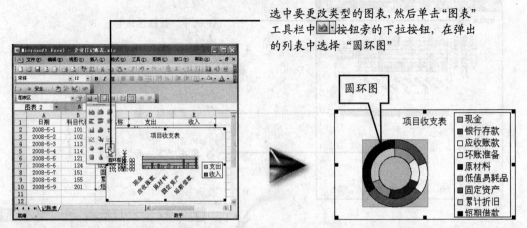

选中要更改类型的图表，然后单击"图表"工具栏中 按钮旁的下拉按钮，在弹出的列表中选择"圆环图"

圆环图

另外，还可以在图表空白区域上单击鼠标右键，然后从弹出的快捷菜单中选择"图表类型"命令，具体操作步骤如下。

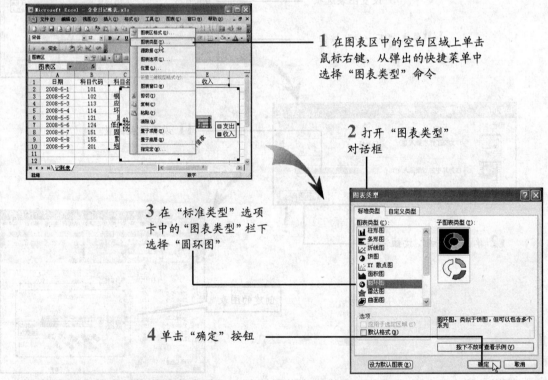

1 在图表区中的空白区域上单击鼠标右键，从弹出的快捷菜单中选择"图表类型"命令

2 打开"图表类型"对话框

3 在"标准类型"选项卡中的"图表类型"栏下选择"圆环图"

4 单击"确定"按钮

这样，图表的类型就更改完成了。

5.8 设置组合图表

在 Excel 2003 中，通过设置组合图表可以在一个图表中使用两种或多种不同的图表类型。利用组合图表可以让数据系列之间的关系更明显地表现出来。

设置组合图表的具体操作步骤如下。

2 单击"图表"工具栏中 ▣ 按钮旁的下拉按钮，
在弹出的列表中选择"（*xy*）散点图"

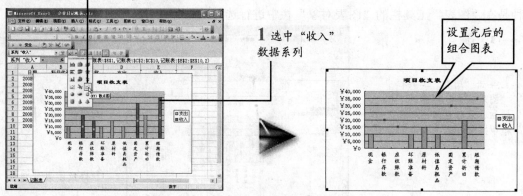

1 选中"收入"
数据系列

设置完后的
组合图表

这样，"收入"数据系列就以（*xy*）散点图的类型显示出来了。

5.9　修改图表项目

Excel 2003 中，数据图表包含的项目主要有分类轴、绘图区、数值轴、网格线、图表区域、图例和数据系列等。用户可以根据需要对这些项目进行修改。

下面就来详细介绍修改图表项目的方法。

5.9.1　图表标题

图表标题是位于图表顶部的一段注释文字。用户可以在使用"图表向导"创建图表时添加标题，也可以在创建图表之后添加标题。创建图表之后添加标题的具体操作步骤如下。

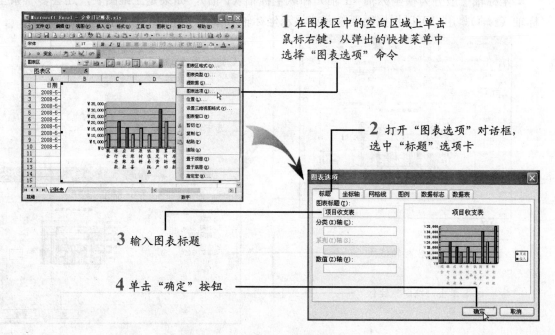

1 在图表区中的空白区域上单击
鼠标右键，从弹出的快捷菜单中
选择"图表选项"命令

2 打开"图表选项"对话框，
选中"标题"选项卡

3 输入图表标题

4 单击"确定"按钮

添加了标题之后，如果要更改图表标题，可以按以下操作步骤进行。

首先要选中图表标题，选中标题的方法有两种：一种是直接用鼠标单击图表标题；另一种是在"图表"工具栏的"图表对象"栏中进行选择，具体操作步骤如下。

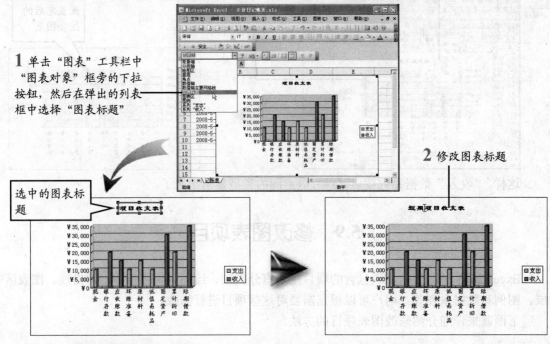

1 单击"图表"工具栏中"图表对象"框旁的下拉按钮，然后在弹出的列表框中选择"图表标题"

选中的图表标题

2 修改图表标题

这样，图表标题就修改完成了。

5.9.2 坐标轴

坐标轴一般分为横坐标轴（x 轴）和纵坐标轴（y 轴），如果是三维图表，还会多一条坐标轴（z 轴）。用户可以根据需要隐藏或显示坐标轴。修改坐标轴的具体操作步骤如下。

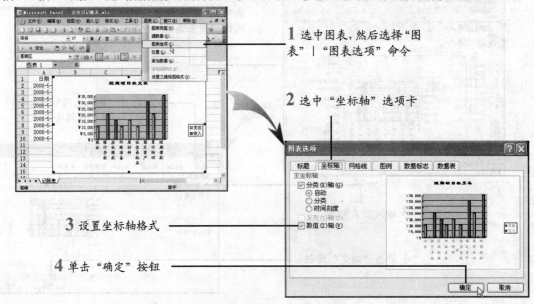

1 选中图表，然后选择"图表" | "图表选项"命令

2 选中"坐标轴"选项卡

3 设置坐标轴格式

4 单击"确定"按钮

这样，坐标轴的修改就完成了。

5.9.3 网格线

为图表添加网格线可以让用户更加方便地观察图表中的数据。添加网格线的具体操作步骤如下。

首先打开"图表选项"对话框，然后再按以下步骤操作。

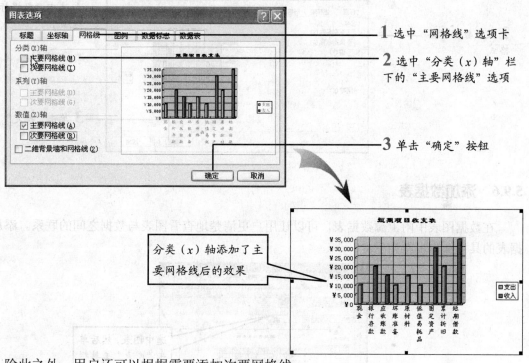

1 选中"网格线"选项卡

2 选中"分类（x）轴"栏下的"主要网格线"选项

3 单击"确定"按钮

分类（x）轴添加了主要网格线后的效果

除此之外，用户还可以根据需要添加次要网格线。

5.9.4 图例

图表创建后，图表中的图例都会根据该图表模板自动地放置在图表的右侧或上端。用户可以根据需要更改图例在图表中的位置，也可以将图例从图表中清除掉。

要修改图例，首先打开"图表选项"对话框。

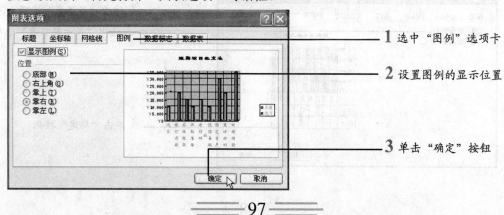

1 选中"图例"选项卡

2 设置图例的显示位置

3 单击"确定"按钮

5.9.5 数据标志

数据标志能体现出图表中数据点的数值或其对应的数据对象。为数据图表添加数据标志的基本操作步骤如下。

首先打开"图表选项"对话框。

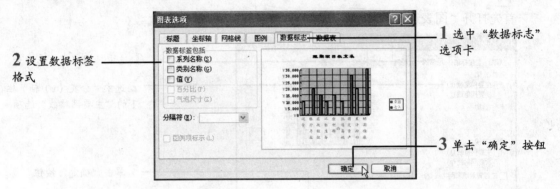

2 设置数据标签格式

1 选中"数据标志"选项卡

3 单击"确定"按钮

5.9.6 添加数据表

在数据图表中附上源数据表，可以让用户更清楚地查看图表与数据之间的联系。添加数据表的具体操作步骤如下。

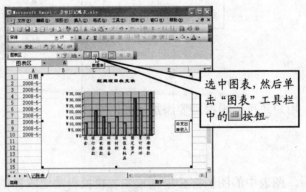

选中图表，然后单击"图表"工具栏中的 按钮

另外，还可以在"图表选项"对话框中添加数据表。首先打开"图表选项"对话框。

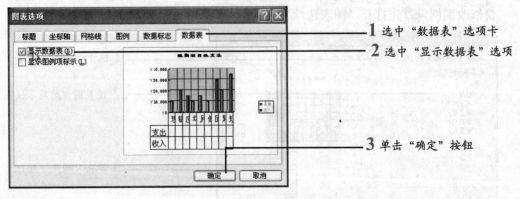

1 选中"数据表"选项卡

2 选中"显示数据表"选项

3 单击"确定"按钮

5.10   图表的移动与缩放

图表一般由两部分组成：图表区和绘图区。图表可以嵌入到其他工作表中，也可以独立工作表的形式存在。对于以独立工作表形式存在的图表，只能对其绘图区、图表标题和图例进行移动与缩放，其图表区是固定不动的。而对于嵌入在工作表中的图表，用户可以通过拖曳鼠标的方法移动图表中的各部分区域以及整张图表，还可以通过拖曳控制点来缩放图表和图表中的区域。

下面首先来介绍移动图表的方法，具体操作步骤如下。

❖ 只针对嵌入型图表，在图表区上按住鼠标左键拖动图表区域可以将整个图表移到需要的位置。

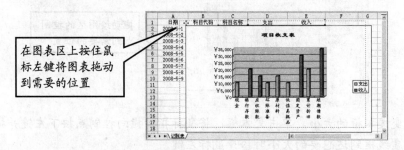

❖ 用鼠标拖动图表的绘图区域可移动绘图区域的位置。

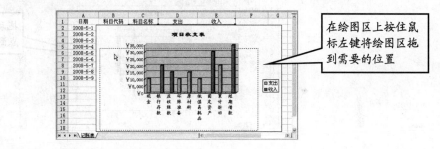

❖ 用鼠标拖动文本框可移动文本框的位置。

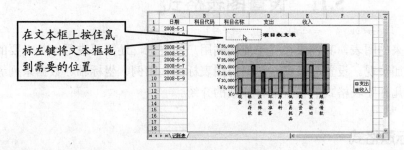

移动图例的方法与移动图表标题的方法相同。

接下来介绍怎样缩放图表，具体操作步骤如下。

❖ 只针对嵌入型图表，如果想要改变整个图表的大小，单击图表区，将鼠标指针指向控制点，按下左键拖动控制点，当虚线框到达想要的大小时松开鼠标左键。

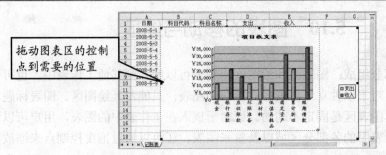

拖动图表区的控制点到需要的位置

❖ 如果想要改变绘图区的大小，单击绘图区，将鼠标指针指向控制点按下左键并拖动控制点，当虚线框到达想要的大小时松开鼠标左键。

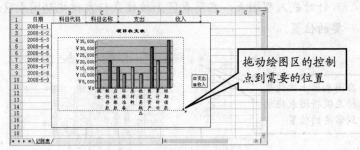

拖动绘图区的控制点到需要的位置

❖ 如果想要改变文本框的大小，单击文本框，将鼠标指针指向控制点按下左键并拖动控制点，当虚线框到达想要的大小时松开鼠标左键。

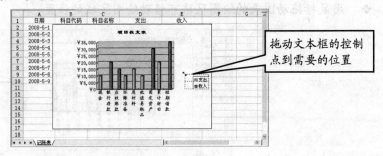

拖动文本框的控制点到需要的位置

5.11　设置图表格式

根据模板创建出来的图表，其效果往往不能达到用户的要求，还需要进行一些必要的设置来使创建的图表更加美观。设置图表格式包括对图表标题、图例、坐标轴、数据系列等的设置，下面就来对这几种图表格式的设置进行详细的介绍。

5.11.1　设置图表标题格式

首先来介绍怎样设置图表标题的格式，具体操作步骤如下。

需要注意的是，在选择不同区域的时候，单击"图表"工具栏中的 按钮会打开不同的格式设置对话框。

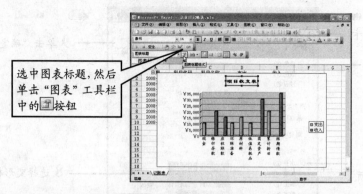

选中图表标题，然后
单击"图表"工具栏
中的 按钮

另外，还可以在选中图表标题后选择"格式"|"图表标题"命令或按下"Ctrl+1"组合键打开"图表标题格式"对话框，也可以在右键菜单中选择"图表标题格式"命令来打开该对话框。

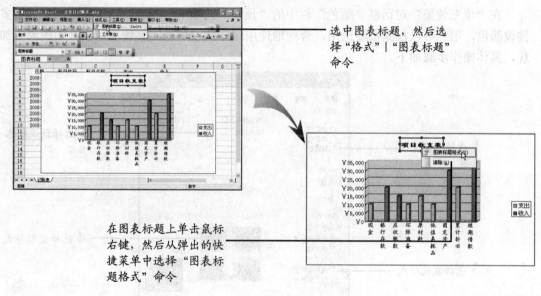

选中图表标题，然后选
择"格式"|"图表标题"
命令

在图表标题上单击鼠标
右键，然后从弹出的快
捷菜单中选择"图表标
题格式"命令

打开"图表标题格式"对话框之后，用户就可以对图表标题的格式进行设置了，首先对图表的边框和底纹进行设置。

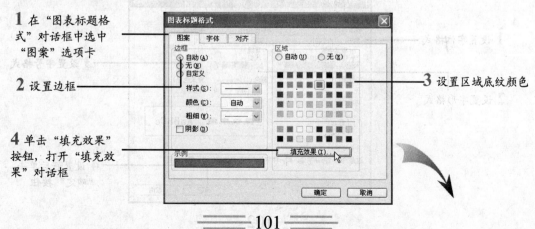

1 在"图表标题格式"对话框中选中"图案"选项卡

2 设置边框

3 设置区域底纹颜色

4 单击"填充效果"按钮，打开"填充效果"对话框

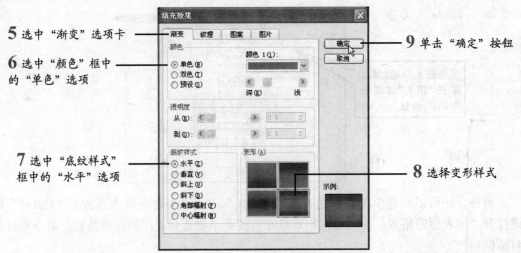

5 选中"渐变"选项卡

6 选中"颜色"框中的"单色"选项

7 选中"底纹样式"框中的"水平"选项

9 单击"确定"按钮

8 选择变形样式

在"填充效果"对话框"颜色"栏中的"预设"选项下，Excel 2003 为用户提供了多种预设颜色，用户可以根据需要选用，合理地使用这些预设颜色能够使制作出来的图表更加美观，具体操作步骤如下。

1 选择"预设"选项

2 选择预设颜色类型

3 选择底纹样式

4 选择变形样式

下面继续介绍图表标题格式设置中的"字体"设置，具体操作步骤如下。

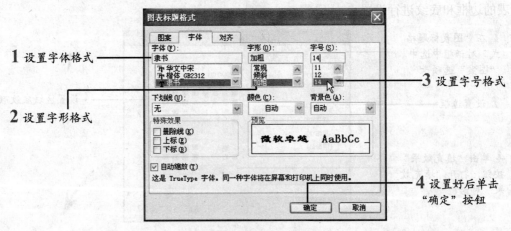

1 设置字体格式

2 设置字形格式

3 设置字号格式

4 设置好后单击"确定"按钮

设置图表标题对齐方式和文字方向的具体操作步骤如下。

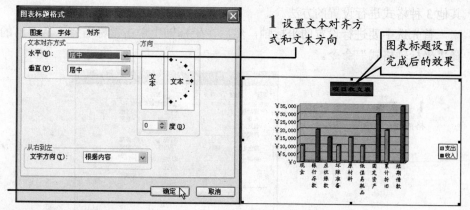

这样，图表标题的格式就设置完成了。

5.11.2 设置图例格式

设置完图表标题的格式，接下来介绍怎样设置图例的格式，具体操作步骤如下。

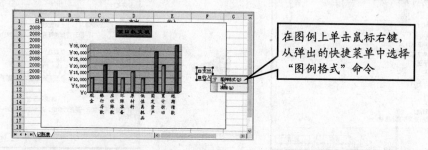

图例格式设置中的"图案"和"字体"设置与上述设置图表标题的方法相同，这里就不再详细讲述，下面只对图例位置的设置进行简单的介绍，具体操作步骤如下。

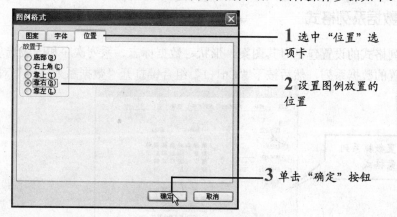

5.11.3 设置坐标轴格式

坐标轴格式的设置主要包括对坐标轴刻度线、刻度值、字体格式、数字格式和文字方向等进行的设置。其中字体格式和文字方向设置与前面讲述的基本相同，下面只介绍对坐标轴其他3种格式进行设置的方法。

首先选中要进行设置的坐标轴，然后在坐标轴上单击鼠标右键，从弹出的快捷菜单中选择"坐标轴格式"命令。

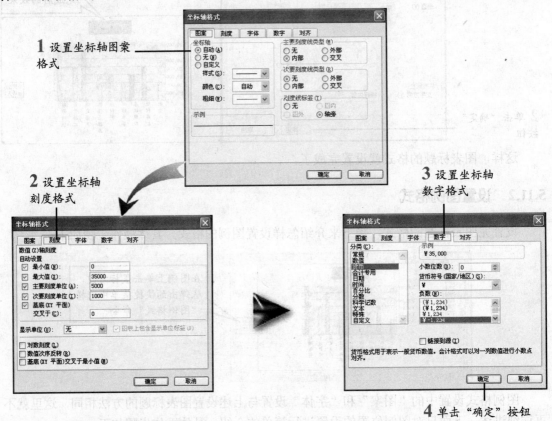

1 设置坐标轴图案格式

2 设置坐标轴刻度格式

3 设置坐标轴数字格式

4 单击"确定"按钮

5.11.4　设置数据系列格式

对数据系列格式的设置包括对其图案、形状、数据标志、系列次序和一般选项的设置。首先选中要设置的数据系列，然后按下"Ctrl+1"组合键打开"数据系列格式"对话框。

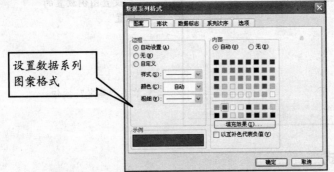

设置数据系列图案格式

如果对数据系列进行合理的"填充效果"设置，图表看起来会更美观。单击"数据系列格式"对话框中"图案"选项卡里的　填充效果(I)...　按钮，打开"填充效果"对话框。

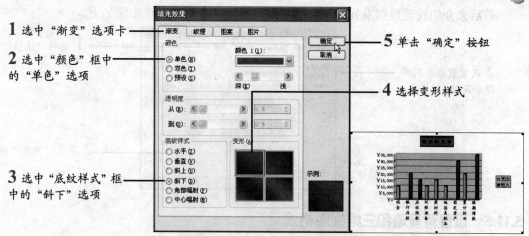

1 选中 "渐变" 选项卡

2 选中 "颜色" 框中的 "单色" 选项

3 选中 "底纹样式" 框中的 "斜下" 选项

5 单击 "确定" 按钮

4 选择变形样式

接下来介绍怎样设置数据系列的形状，具体操作步骤如下。

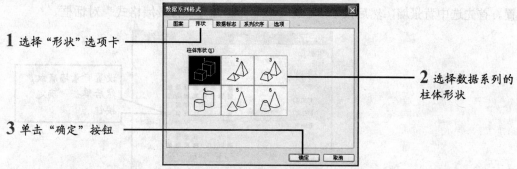

1 选择 "形状" 选项卡

2 选择数据系列的柱体形状

3 单击 "确定" 按钮

设置 "数据标志" 的方法如下。

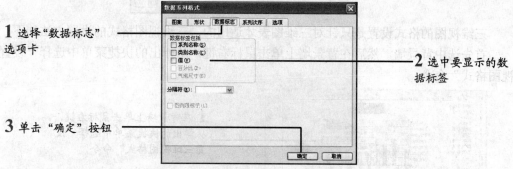

1 选择 "数据标志" 选项卡

2 选中要显示的数据标签

3 单击 "确定" 按钮

设置 "系列次序" 的方法如下。

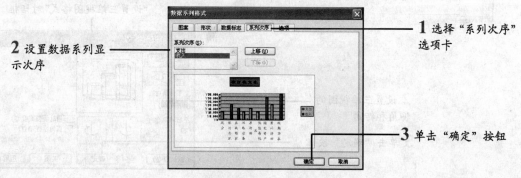

2 设置数据系列显示次序

1 选择 "系列次序" 选项卡

3 单击 "确定" 按钮

最后来介绍设置数据系列的"一般选项"的方法，具体操作步骤如下。

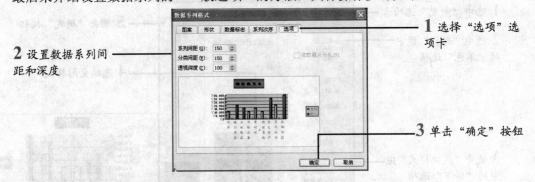

2 设置数据系列间距和深度

1 选择"选项"选项卡

3 单击"确定"按钮

5.11.5 设置背景墙和三维视图格式

背景墙是三维图表中数据系列显示的背景，对背景墙的设置就是对它的背景图案进行设置。首先选中背景墙，然后按下"Ctrl+1"组合键打开"背景墙格式"对话框。

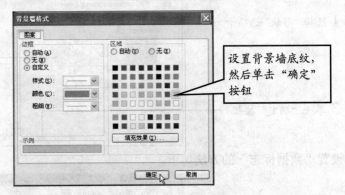

设置背景墙底纹，然后单击"确定"按钮

三维视图的格式设置是只针对三维图表才适用的，三维视图格式的设置方法如下。

首先选中背景墙，然后在背景墙上单击鼠标右键，从弹出的快捷菜单中选择"设置三维视图格式"命令。

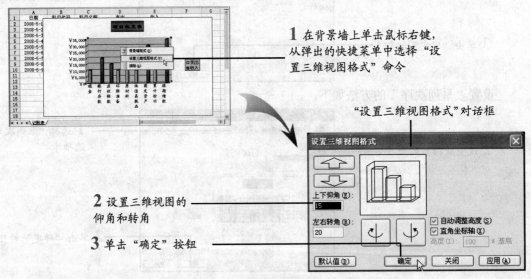

1 在背景墙上单击鼠标右键，从弹出的快捷菜单中选择"设置三维视图格式"命令

"设置三维视图格式"对话框

2 设置三维视图的仰角和转角

3 单击"确定"按钮

5.12 打印工作表

电子表格制作完成后，用户可以通过 Excel 的"打印预览"功能来查看文档打印出来后的效果。

5.12.1 打印预览设置

预览打印效果的具体操作步骤如下。

选择"文件"|"打印预览"命令

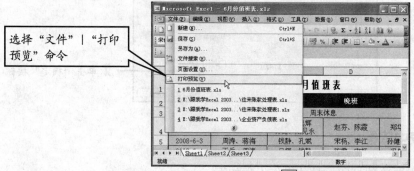

除此之外，还可以单击"常用"工具栏中的 按钮来打开打印预览窗口。

2 打开打印预览窗口

调整块

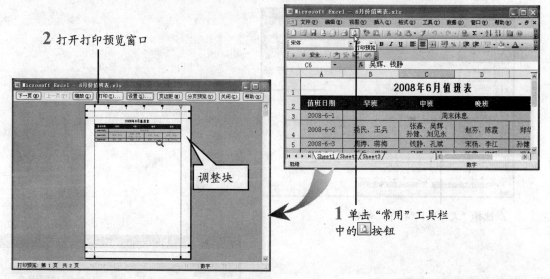

1 单击"常用"工具栏中的 按钮

在打印预览窗口中，用户可以很方便地通过"调整块"来对表格的页边距以及页眉页脚的页边距进行调整。

5.12.2 打印多份相同的工作表

有些工作表可能需要被同时送到不同的地方去，所以要打印很多份。用户可以在"打印内容"对话框中的"打印份数"栏中进行设置。

首先单击打印预览窗口中的"打印"按钮，

设置打印份数，单击"确定"按钮

然后选择"文件"|"打印"命令或按"Ctrl+P"组合键打开"打印内容"对话框。

5.12.3 打印多张工作表

Excel 能把同一个工作簿中的所有工作表一起打印出来，具体操作步骤如下。

首先打开"打印内容"对话框。

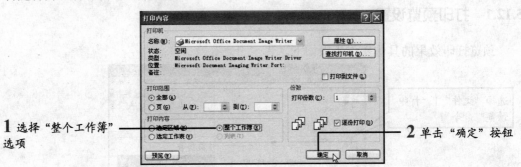

1 选择"整个工作簿"
选项

2 单击"确定"按钮

5.12.4 打印工作表中的图表

工作表中的图表需要单独打印，具体操作步骤如下。

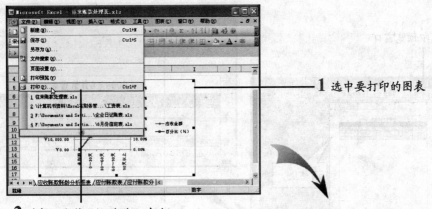

1 选中要打印的图表

2 选择"文件"|"打印"命令

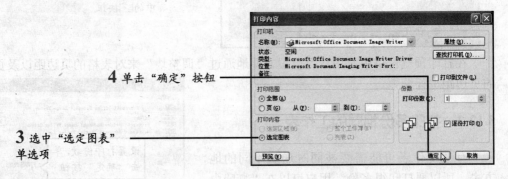

4 单击"确定"按钮

3 选中"选定图表"
单选项

第6章　PowerPoint 2003 操作入门

6.1　启动和退出 PowerPoint 2003

PowerPoint 2003 是集文字、图片、声音和动画于一体的多媒体制作和演示软件，是目前非常受欢迎的幻灯片制作软件。

在学习 PowerPoint 2003 之前，首先要了解 PowerPoint 2003 的一些基本操作。下面介绍 PowerPoint 2003 的启动与退出操作。

6.1.1　启动 PowerPoint 2003

启动 PowerPoint 2003 的方法有以下几种。

❖　从"开始"菜单启动的具体操作方法如下。

1 单击"开始"按钮

2 选择"所有程序"|"Microsoft Office"|"Microsoft Office PowerPoint 2003"命令

3 PowerPoint 2003 工作界面

❖　如果 Windows 桌面上建立有 Microsoft PowerPoint 的快捷方式图标，双击该图标，也可以启动 PowerPoint 2003。

6.1.2　退出 PowerPoint 2003

当编辑完 PowerPoint 2003 后，可通过下面任意一种方法来退出 PowerPoint 2003 程序。

❖　单击程序窗口右上角的 ⊠ 按钮，即可关闭 PowerPoint 2003。

❖　选择"文件"|"退出"命令，即可关闭 PowerPoint 2003。

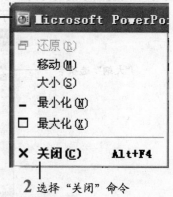

1 单击程序窗口左上角的控制菜单图标 🖳

- 还原(R)
- 移动(M)
- 大小(S)
- 最小化(N)
- 最大化(X)
- ✕ 关闭(C)　　Alt+F4

2 选择"关闭"命令

❖　单击程序窗口左上角的控制菜单图标 🖳，选择菜单中的"关闭"命令（或按"Alt+F4"

组合键），即可关闭 PowerPoint 2003。

6.2 PowerPoint 2003 工作环境

启动 PowerPoint 2003 后，桌面上出现 PowerPoint 2003 工作界面。PowerPoint 2003 的工作界面与以前版本相比，无论是背景还是工具栏结构都有了较大的改变，但其基本结构依然不变，主要由标题栏、工具栏、菜单栏、工作区、大纲窗口、绘图栏、备注窗格、任务窗格和状态栏组成。

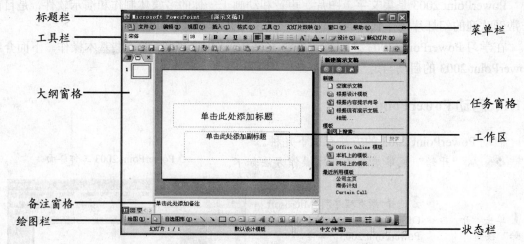

6.3 PowerPoint 2003 视图方式

PowerPoint 2003 的视图方式包括：普通视图、幻灯片浏览视图和幻灯片放映视图这 3 种显示方式。下面就来分别加以介绍。

6.3.1 普通视图

在普通视图中，可以看到左边窗格中有两个选项卡："大纲"和"幻灯片"选项卡，用于显示不同视图下的幻灯片。在"大纲"选项卡中，可以看到整个幻灯片的标题和内容；而在"幻灯片"选项卡中可以显示和设置当前的幻灯片。

6.3.2 幻灯片浏览视图

在幻灯片浏览视图中，显示出当前演示文稿中所有幻灯片的缩略图、完整的文本和图片。在该视图中，可以重新排列幻灯片顺序、添加切换动画效果以及设置幻灯片放映时间等。

单击不同的
图片可以浏
览幻灯片内
容

6.3.3 幻灯片放映视图

创建好演示文稿后，单击 🖵 按钮或选择"视图"|"幻灯片放映"命令，此时可用全屏方式来放映幻灯片的内容。

6.4 创建和编辑演示文稿

PowerPoint 2003 是制作演示文稿的软件，演示文稿也就是我们常说的幻灯片。可以将设计完成的幻灯片通过电脑屏幕或投影仪显示出来。

6.4.1 根据向导创建演示文稿

使用内容提示向导创建演示文稿的操作方法如下。

1 选择"文件"|"新建"命令

◆ 通过内容提示向导创建的演示文稿设置了许多必要的内容格式，只需要进行简单的修改即可使用。

经验交流

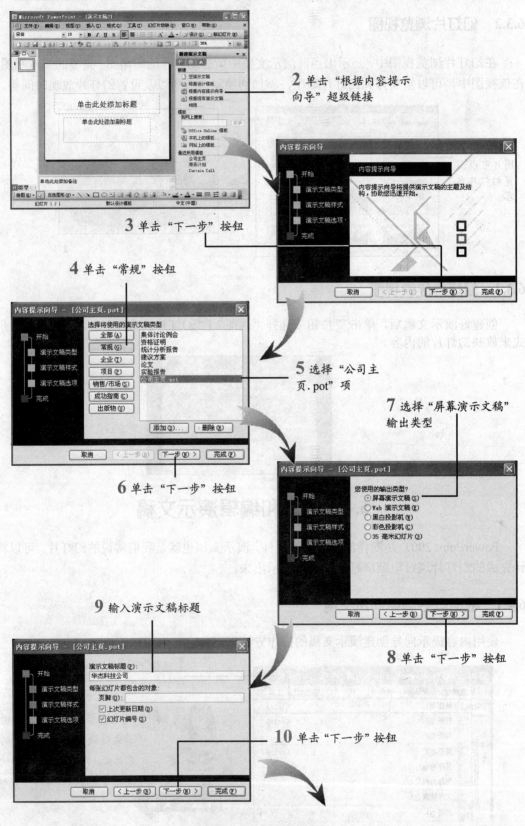

2 单击"根据内容提示向导"超级链接

3 单击"下一步"按钮

4 单击"常规"按钮

5 选择"公司主页.pot"项

6 单击"下一步"按钮

7 选择"屏幕演示文稿"输出类型

8 单击"下一步"按钮

9 输入演示文稿标题

10 单击"下一步"按钮

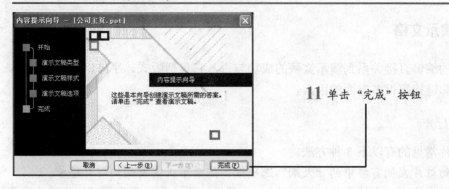

11 单击"完成"按钮

6.4.2 根据设计模板创建演示文稿

使用 PowerPoint 的设计模板，可以创建出具有专业水平的幻灯片，而且操作起来也非常方便、快捷，具体操作步骤如下。

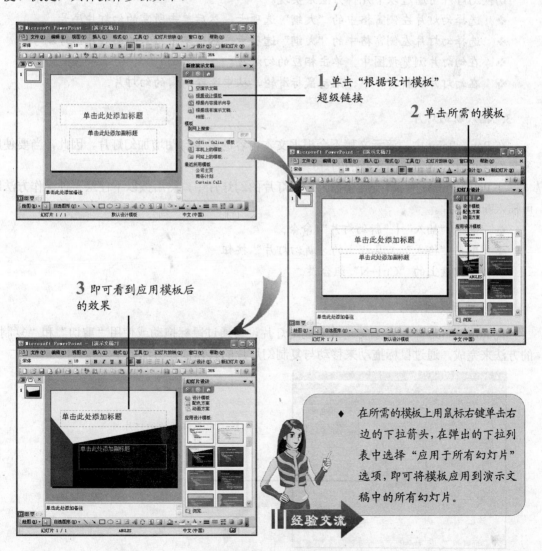

1 单击"根据设计模板"超级链接

2 单击所需的模板

3 即可看到应用模板后的效果

◆ 在所需的模板上用鼠标右键单击右边的下拉箭头，在弹出的下拉列表中选择"应用于所有幻灯片"选项，即可将模板应用到演示文稿中的所有幻灯片。

经验交流

6.4.3 编辑演示文稿

演示文稿的编辑直接关系到演示文稿的成功与否，它包括版式、字体、风格、颜色、图片、媒体剪辑和链接等很多方面的因素。

1. 选择幻灯片

选择幻灯片常见的有以下 3 种方法。

❖ 选择幻灯片左侧窗格中的"大纲"选项卡，然后单击需要的幻灯片序号。
❖ 选择幻灯片左侧窗格中的"幻灯片"选项卡，然后单击需要的幻灯片图片编号。
❖ 在幻灯片编辑窗口中，使用鼠标拖动选择，也可以选择需要的幻灯片。

2. 切换幻灯片

切换幻灯片可通过以下几种方法来实现。

❖ 选择幻灯片左侧窗格中的"大纲"选项卡，然后单击所需的幻灯片序号。
❖ 选择幻灯片左侧窗格中的"大纲"选项卡，然后单击所需的幻灯片图片编号。
❖ 在幻灯片浏览视图中，单击相应的幻灯片。
❖ 在幻灯片编辑窗口中，滚动鼠标滑轮，从中选择所需的幻灯片。

3. 插入新幻灯片

在 PowerPoint 中，演示文稿不会根据文本内容的多少自动增加幻灯片，因此，当要使用多张幻灯片时，就需要插入新的幻灯片。

在 PowerPoint 中，切换到要插入新幻灯片的幻灯片中，然后按以下任意一种操作方法即可插入新幻灯片。

❖ 选择"插入"|"新幻灯片"命令。
❖ 单击"格式"工具栏上的"新幻灯片"按钮。
❖ 按键盘上的"Ctrl+N"组合键。

4. 移动与复制幻灯片

在 PowerPoint 中，若要移动或复制幻灯片，可通过鼠标拖动或使用"剪切"和"复制"的方法来完成。通过鼠标拖动来移动与复制幻灯片的具体操作方法如下。

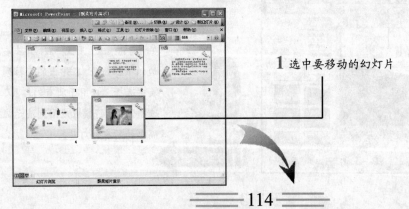

1 选中要移动的幻灯片

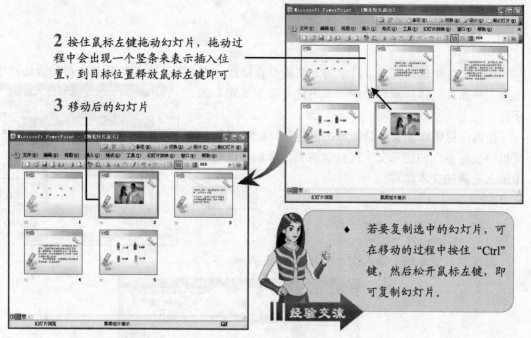

2 按住鼠标左键拖动幻灯片，拖动过程中会出现一个竖条来表示插入位置，到目标位置释放鼠标左键即可

3 移动后的幻灯片

◆ 若要复制选中的幻灯片，可在移动的过程中按住 "Ctrl" 键，然后松开鼠标左键，即可复制幻灯片。

经验交流

5. 删除幻灯片

在 PowerPoint 中，若要删除不需要的幻灯片，其具体操作方法如下。

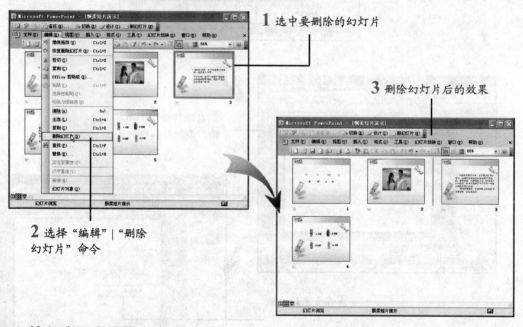

1 选中要删除的幻灯片

3 删除幻灯片后的效果

2 选择 "编辑" | "删除幻灯片" 命令

6.4.4 输入演示文稿的文本

在 PowerPoint 中，输入内容可通过占位符、文本框和自选图形等来输入文本，下面分别

进行介绍。

1. 通过占位符输入文本

在幻灯片中输入文本最简单的方法就是直接通过占位符，在幻灯片的占位符虚线框中显示有"单击此处添加标题"或"单击此处添加文本"的字样。

在占位符中添加文本只需单击占位符，此时"单击此处添加标题"的提示文字将自动消失，然后在虚线框中输入所需的文本即可。

2. 通过文本框输入文本

通过插入文本框来输入文本的具体操作方法如下。

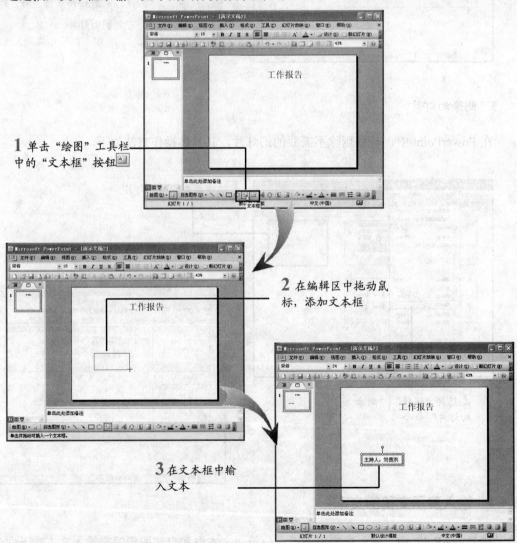

6.4.5 设置文字格式

与 Word 和 Excel 一样，在 PowerPoint 中同样可以设置文字格式，具体操作方法如下。

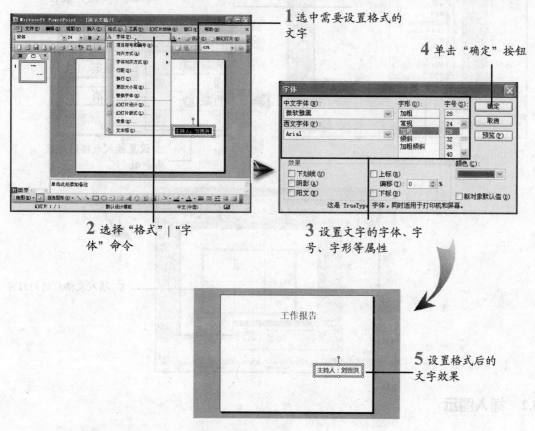

也可以通过"格式"工具栏来设置格式。

选中需要设置格式的文字，单击"格式"工具栏中的"字体"、"字号"、"加粗"、"斜体"、"下划线"、"居中"、"字体颜色"和"阴影"等按钮，即可为所选文字设置相应的格式。

6.5 在演示文稿中插入对象

为了使演示文稿中的内容更加丰富，可以在其中插入图示、表格及媒体文件等视觉化元素，提高演示文稿的演示效果。

6.5.1 插入表格

前面章节中介绍了 Word 表格和 Excel 电子表格，表格是由许多行和列的单元格构成的，而且在单元格中可以随意添加文字和图形，同样，在 PowerPoint 中也可以插入表格。

在 PowerPoint 中插入表格可通过"插入表格"按钮和"插入表格"对话框两种方法来完成。使用"插入表格"对话框插入表格的具体操作方法如下。

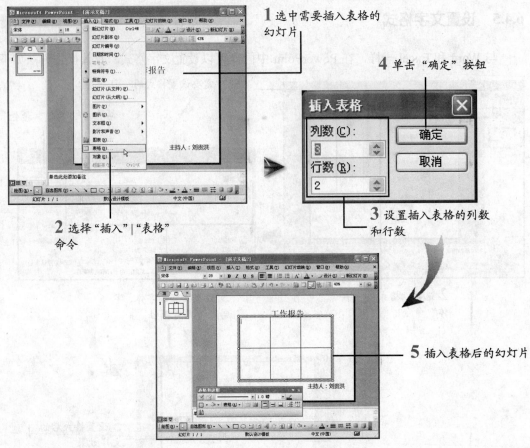

1 选中需要插入表格的幻灯片

2 选择"插入"|"表格"命令

3 设置插入表格的列数和行数

4 单击"确定"按钮

5 插入表格后的幻灯片

6.5.2 插入图示

在 PowerPoint 中，为了更清楚地表达公司的组织结构图，这时可在幻灯片中插入图示，具体操作方法如下。

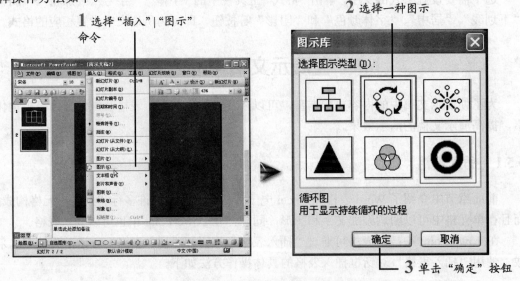

1 选择"插入"|"图示"命令

2 选择一种图示

3 单击"确定"按钮

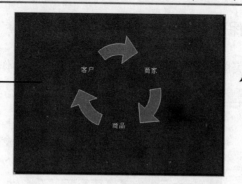

4 图示已经插入到幻灯片中了，在图示文本框中输入内容，设置字体的大小，调整图示的大小和位置，即可完成图示的插入操作

6.5.3 插入剪贴画

在 PowerPoint 中，为了更清楚地展示文本内容，可在幻灯片中插入剪贴画，具体操作步骤如下。

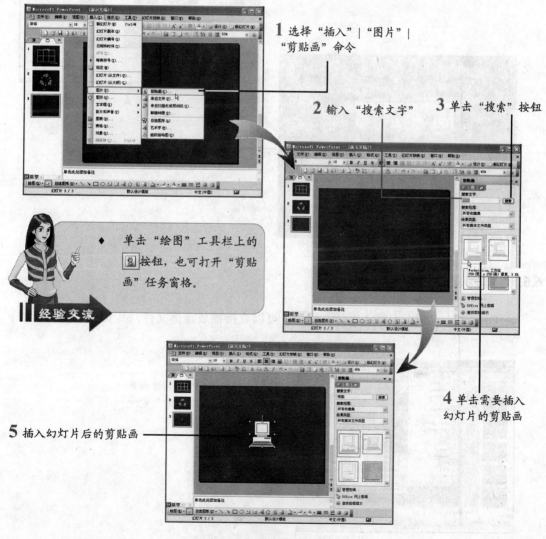

1 选择"插入"｜"图片"｜"剪贴画"命令

2 输入"搜索文字"

3 单击"搜索"按钮

◆ 单击"绘图"工具栏上的 ▣ 按钮，也可打开"剪贴画"任务窗格。

经验交流

4 单击需要插入幻灯片的剪贴画

5 插入幻灯片后的剪贴画

6.5.4 插入电脑中保存的图片

电脑中保存的精美图片也可以插入到幻灯片中，具体操作步骤如下。

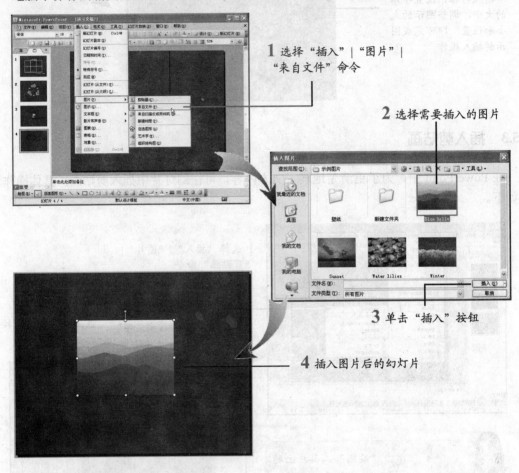

1 选择"插入"|"图片"|
"来自文件"命令

2 选择需要插入的图片

3 单击"插入"按钮

4 插入图片后的幻灯片

6.5.5 插入媒体文件

在 PowerPoint 2003 中插入媒体文件后，可以直接播放媒体文件，其具体操作步骤如下。

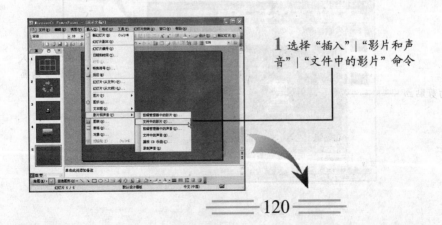

1 选择"插入"|"影片和声音"|"文件中的影片"命令

2 选择需要插入的影片

3 单击 "确定" 按钮

4 插入幻灯片中的视频文件

5 在插入的视频文件上单击鼠标右键, 在弹出的快捷菜单中选择 "播放影片" 命令, 即可播放插入的影片

第7章 PowerPoint 2003 操作进阶

7.1 幻灯片母版设计

幻灯片母版设计控制着演示文稿中幻灯片的字体格式、配色方案、背景和填充等，通过幻灯片母版，可以改变整个演示文稿的风格。

在 PowerPoint 2003 中，幻灯片母版可分为以下 4 种。

❖ 幻灯片母版：控制幻灯片标题以外的所有幻灯片的格式。

❖ 标题母版：控制幻灯片标题的格式。

❖ 讲义母版：是打印输出讲义时的格式。

❖ 备注母版：是打印输出备注页时的格式。

在设计幻灯片母版前，需要先打开幻灯片母版，打开幻灯片母版的具体操作方法如下。

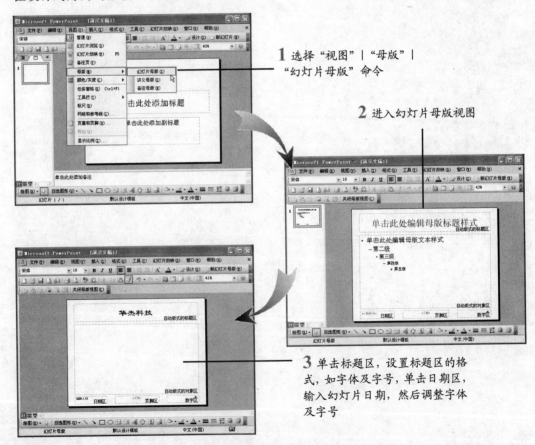

1 选择"视图" | "母版" | "幻灯片母版"命令

2 进入幻灯片母版视图

3 单击标题区，设置标题区的格式，如字体及字号，单击日期区，输入幻灯片日期，然后调整字体及字号

7.2　设置幻灯片翻页效果

在放映幻灯片前，可以设置幻灯片的翻页效果，具体操作方法如下。

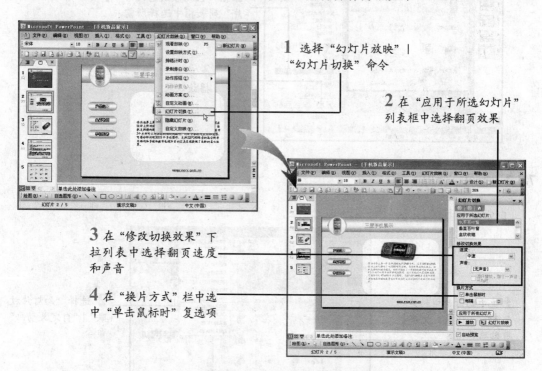

1 选择"幻灯片放映"|"幻灯片切换"命令

2 在"应用于所选幻灯片"列表框中选择翻页效果

3 在"修改切换效果"下拉列表中选择翻页速度和声音

4 在"换片方式"栏中选中"单击鼠标时"复选项

7.3　设置幻灯片动画效果

在放映幻灯片前不但可以设置翻页效果，还可以设置幻灯片的动画方案和动画效果，下面就来介绍动画效果的设置。

7.3.1　设置动画方案

设置幻动片动画方案的具体操作方法如下。

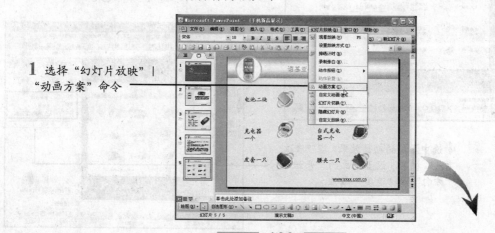

1 选择"幻灯片放映"|"动画方案"命令

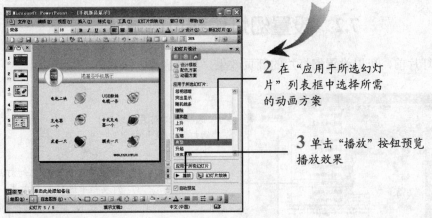

2 在"应用于所选幻灯片"列表框中选择所需的动画方案

3 单击"播放"按钮预览播放效果

7.3.2 自定义动画

自定义动画的具体操作步骤如下。

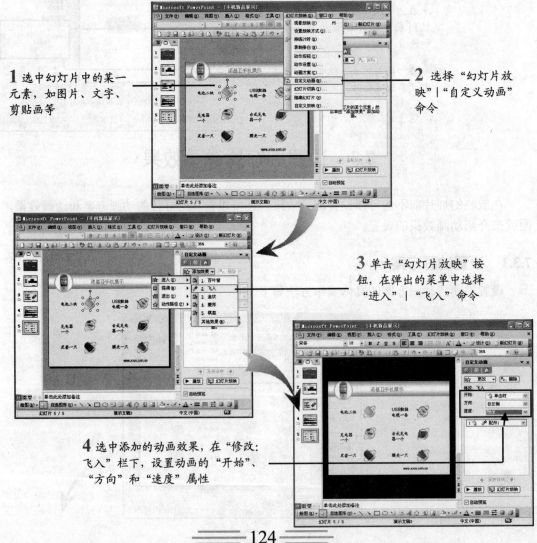

1 选中幻灯片中的某一元素，如图片、文字、剪贴画等

2 选择"幻灯片放映"|"自定义动画"命令

3 单击"幻灯片放映"按钮，在弹出的菜单中选择"进入"|"飞入"命令

4 选中添加的动画效果，在"修改：飞入"栏下，设置动画的"开始"、"方向"和"速度"属性

7.4 幻灯片放映设置

在 PowerPoint 2003 中，可以设置幻灯片的放映方式、播放效果以及放映幻灯片的排练计时等内容。

7.4.1 放映方式的设置

在 PowerPoint 2003 中，设置幻灯片放映方式的操作方法如下。

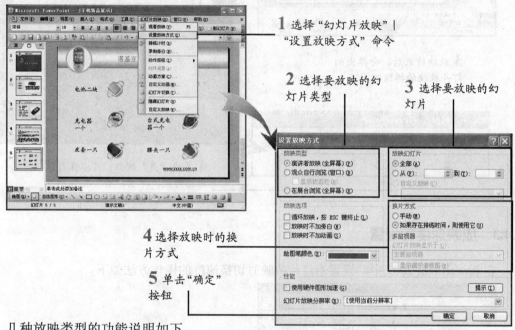

1 选择"幻灯片放映" | "设置放映方式"命令

2 选择要放映的幻灯片类型

3 选择要放映的幻灯片

4 选择放映时的换片方式

5 单击"确定"按钮

几种放映类型的功能说明如下。

❖ 演讲者放映（全屏幕）：全屏显示放映，演讲者具有对放映的完全控制权，并可用自动或人工方式运行幻灯片放映。

❖ 观众自行浏览（窗口）：在标准窗口中放映，并提供一些菜单和命令，便于观众自己浏览演示文稿。

❖ 在展台浏览（全屏幕）：自动全屏放映，而且 5min 没有用户指令后会重新开始。可以进行更换幻灯片、选择超级链接和动作按钮的操作，但不能更改演示文稿。

> ◆ 在"放映幻灯片"栏下，选择"全部"单选项，则在放映幻灯片时，将从头至尾全部播放。
>
> ◆ 若选择 ○从(F): [ ] 到(T): [ ] 单选项，则可以根据自己的需要设置播放幻灯片的起止页码。

一点就透

7.4.2 放映排练计时的设置

在 PowerPoint 2003 中，设置幻灯片放映排练计时的操作方法如下。

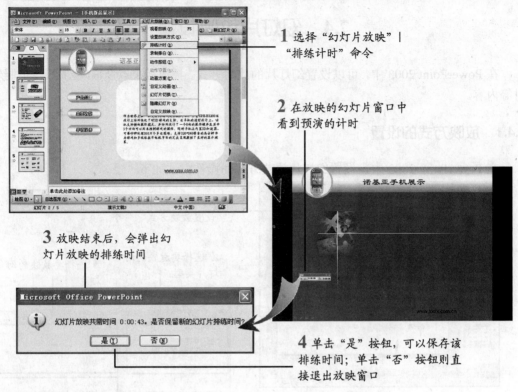

1 选择"幻灯片放映"|
"排练计时"命令

2 在放映的幻灯片窗口中
看到预演的计时

3 放映结束后，会弹出幻
灯片放映的排练时间

4 单击"是"按钮，可以保存该
排练时间；单击"否"按钮则直
接退出放映窗口

7.4.3 放映速度的设置

在 PowerPoint 2003 中，设置幻灯片放映时切换速度的操作方法如下。

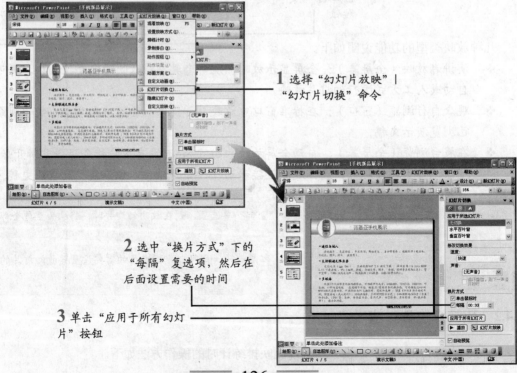

1 选择"幻灯片放映"|
"幻灯片切换"命令

2 选中"换片方式"下的
"每隔"复选项，然后在
后面设置需要的时间

3 单击"应用于所有幻灯
片"按钮

7.4.4 放映幻灯片

在 PowerPoint 2003 中，放映幻灯片的方法有很多种。在 PowerPoint 2003 中执行以下任意一种操作，即可开始放映当前的演示文稿。

❖ 选择"幻灯片放映"|"观看放映"命令。

❖ 选择"视图"|"幻灯片放映"命令。

❖ 单击演示文稿窗口左下角的"幻灯片放映"按钮。

❖ 按下键盘上的"F5"键。

7.5 打印幻灯片

在 PowerPoint 2003 中，允许打印演示文稿，但在打印演示文稿前还需要对幻灯片进行页面设置以及打印设置。

7.5.1 幻灯片的页面设置

幻灯片页面设置的具体操作方法如下。

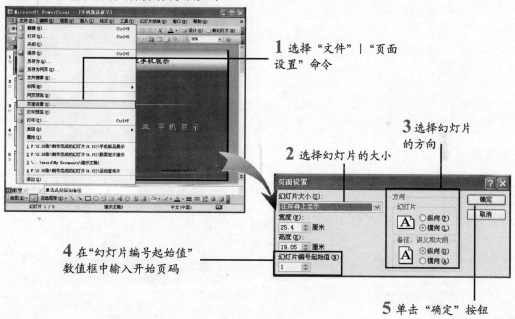

1 选择"文件"|"页面设置"命令

3 选择幻灯片的方向

2 选择幻灯片的大小

4 在"幻灯片编号起始值"数值框中输入开始页码

5 单击"确定"按钮

7.5.2 幻灯片的打印设置

设置好幻灯片的页面后，即可进行幻灯片的打印了，在打印幻灯片前也需要进行打印设置，其具体操作方法如下。

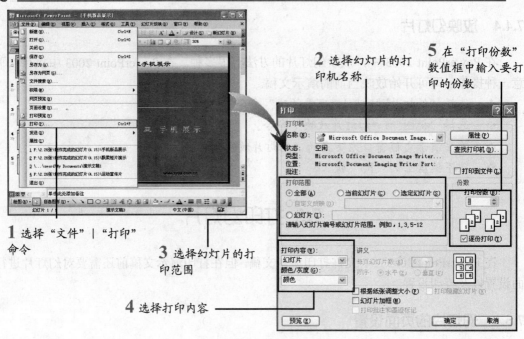

2 选择幻灯片的打印机名称

5 在"打印份数"数值框中输入要打印的份数

1 选择"文件"|"打印"命令

3 选择幻灯片的打印范围

4 选择打印内容

第 8 章　Office 2003 协同办公

8.1　Office 2003 各组件间资源共享

Office 2003 各组件之间进行资源共享不仅可以利用剪贴板，还可以使用链接对象的方法来进行资源调用。下面介绍如何使用超链接的方法来进行资源共享。

8.1.1　创建超链接

下面就来看看如何在 Word 2003 中创建超链接来调用 Excel 2003 文档的内容，其具体操作步骤如下。

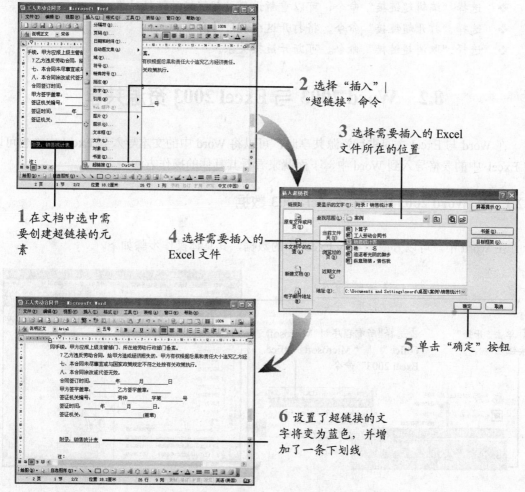

2 选择"插入"|"超链接"命令

3 选择需要插入的 Excel 文件所在的位置

1 在文档中选中需要创建超链接的元素

4 选择需要插入的 Excel 文件

5 单击"确定"按钮

6 设置了超链接的文字将变为蓝色，并增加了一条下划线

跟我学电脑办公

8.1.2　设置超链接

创建了超链接之后，有时需要做一些修改，其具体操作步骤如下。

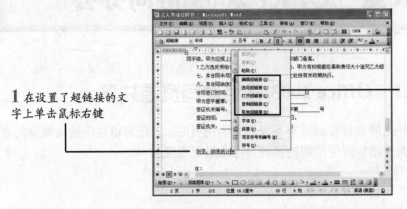

1 在设置了超链接的文字上单击鼠标右键

2 从弹出的快捷菜单中选择需要的命令可以对超链接进行设置

在超链接的显示文字上单击鼠标右键，弹出快捷菜单，具体命令的功能如下。

❖　选择"剪切"、"复制"和"粘贴"命令，可以剪切或复制该超链接。
❖　选择"编辑超链接"命令，可以重新设置该超链接的链接对象。
❖　选择"打开超链接"命令，将打开这个超链接对象。
❖　选择"取消超链接"命令，可断开链接关系。

8.2　Word 2003 与 Excel 2003 资源共享

在 Word 与 Excel 之间进行资源共享时，可以将 Word 中的文本导入到 Excel 中，也可以将 Excel 中的表格导入到 Word 中，下面就来看看其具体的操作方法。

8.2.1　在 Word 2003 中导入 Excel 2003 数据

在 Word 中，可以方便地导入 Excel 中的数据，其具体操作步骤如下。

3 选择"文件"｜"打开"命令

1 单击"开始"按钮

2 选择"所有程序"｜"Microsoft Office"｜"Microsoft Office Excel 2003"命令

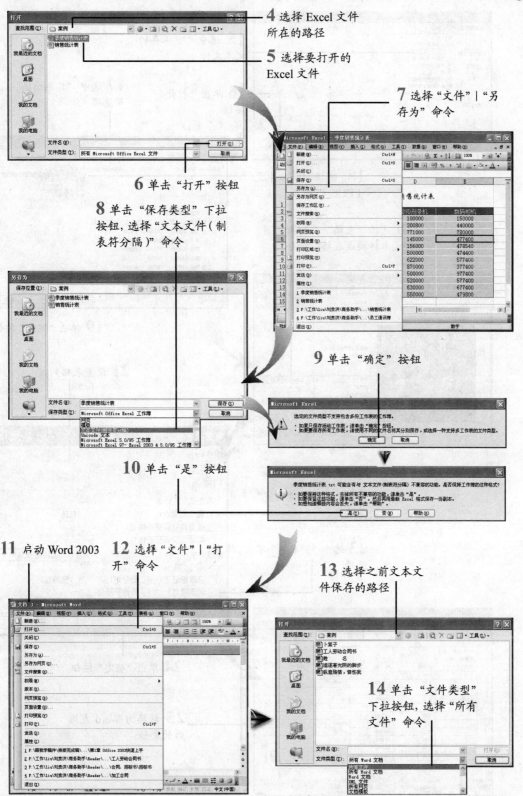

4 选择 Excel 文件所在的路径

5 选择要打开的 Excel 文件

7 选择"文件"|"另存为"命令

6 单击"打开"按钮

8 单击"保存类型"下拉按钮，选择"文本文件（制表符分隔）"命令

9 单击"确定"按钮

10 单击"是"按钮

11 启动 Word 2003

12 选择"文件"|"打开"命令

13 选择之前文本文件保存的路径

14 单击"文件类型"下拉按钮，选择"所有文件"命令

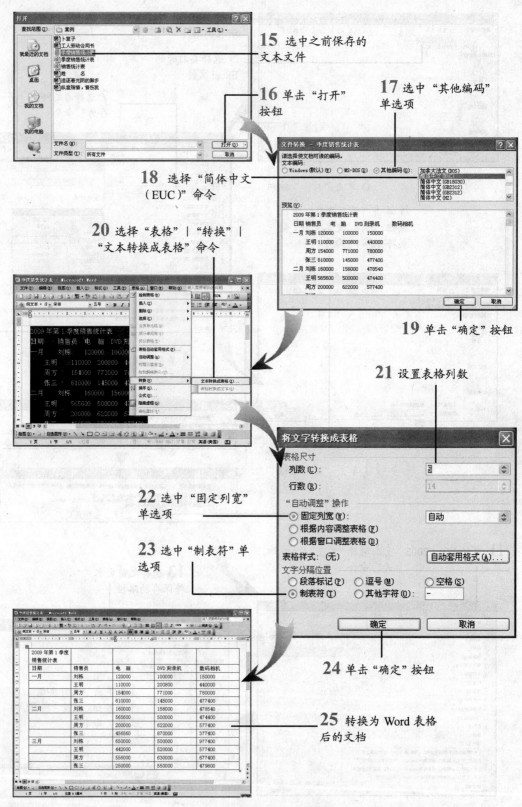

15 选中之前保存的文本文件

16 单击"打开"按钮

17 选中"其他编码"单选项

18 选择"简体中文（EUC）"命令

19 单击"确定"按钮

20 选择"表格"｜"转换"｜"文本转换成表格"命令

21 设置表格列数

22 选中"固定列宽"单选项

23 选中"制表符"单选项

24 单击"确定"按钮

25 转换为 Word 表格后的文档

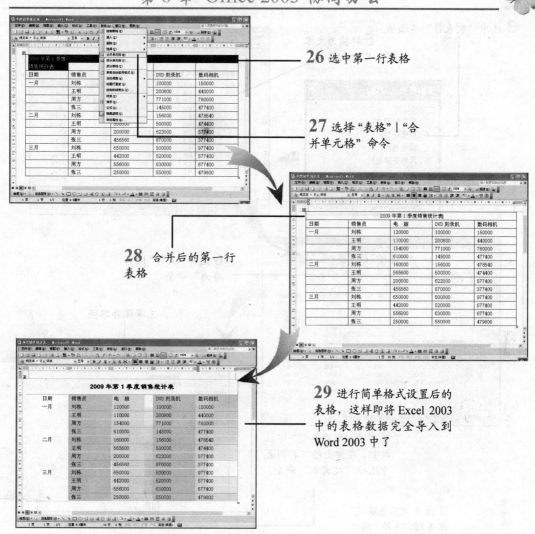

26 选中第一行表格

27 选择"表格"|"合并单元格"命令

28 合并后的第一行表格

29 进行简单格式设置后的表格，这样即将 Excel 2003 中的表格数据完全导入到 Word 2003 中了

8.2.2 在 Excel 2003 中导入 Word 2003 文档

除了可以在 Word 2003 文档中导入 Excel 电子表格数据之外，还可以在 Excel 2003 中导入 Word 2003 文档，其具体操作步骤如下。

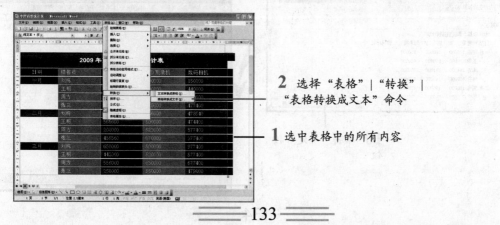

2 选择"表格"|"转换"|"表格转换成文本"命令

1 选中表格中的所有内容

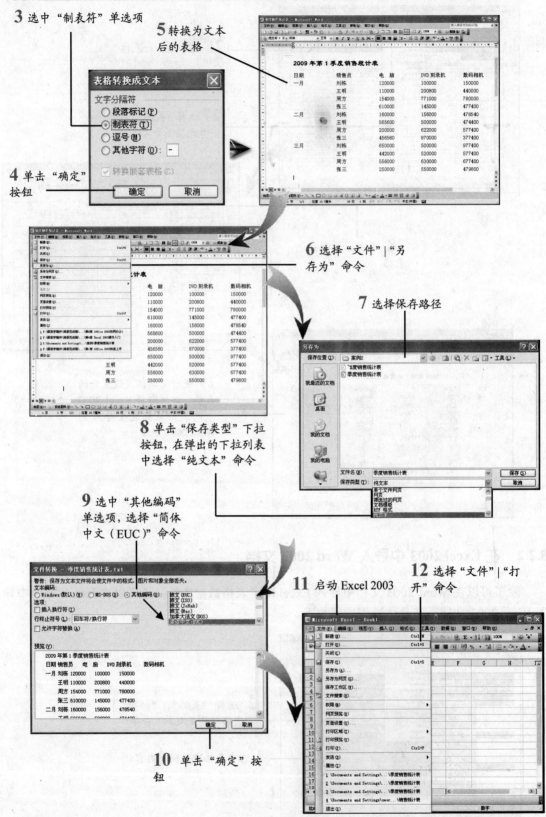

3 选中 "制表符" 单选项

5 转换为文本后的表格

4 单击 "确定" 按钮

6 选择 "文件" | "另存为" 命令

7 选择保存路径

8 单击 "保存类型" 下拉按钮, 在弹出的下拉列表中选择 "纯文本" 命令

9 选中 "其他编码" 单选项, 选择 "简体中文 (EUC)" 命令

11 启动 Excel 2003

12 选择 "文件" | "打开" 命令

10 单击 "确定" 按钮

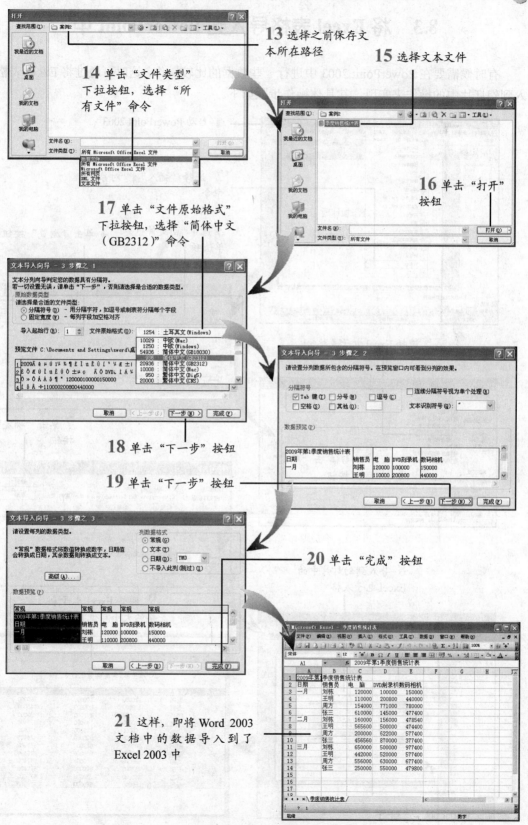

13 选择之前保存文本所在路径

15 选择文本文件

14 单击"文件类型"下拉按钮,选择"所有文件"命令

16 单击"打开"按钮

17 单击"文件原始格式"下拉按钮,选择"简体中文(GB2312)"命令

18 单击"下一步"按钮

19 单击"下一步"按钮

20 单击"完成"按钮

21 这样,即将 Word 2003 文档中的数据导入到了 Excel 2003 中

8.3 将 Excel 表格导入到 PowerPoint 中

有时候需要在 PowerPoint 2003 中进行一些数据的比较操作，这时可通过将 Excel 表格导入到幻灯片中的操作来实现，其具体操作步骤如下。

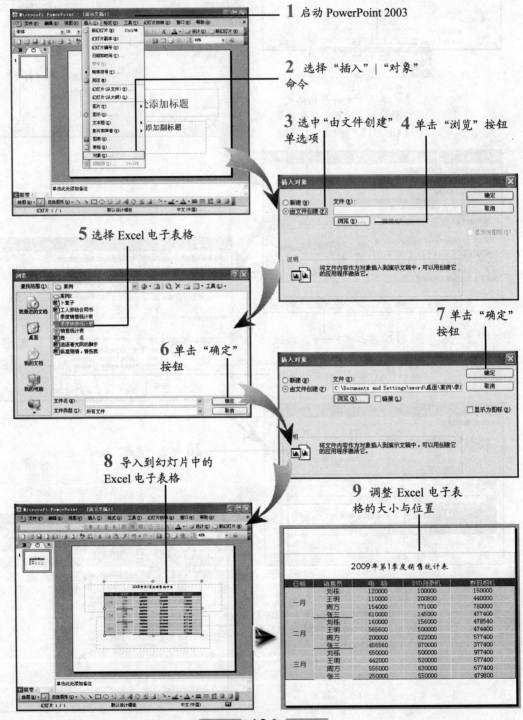

1 启动 PowerPoint 2003

2 选择"插入"|"对象"命令

3 选中"由文件创建"单选项

4 单击"浏览"按钮

5 选择 Excel 电子表格

7 单击"确定"按钮

6 单击"确定"按钮

8 导入到幻灯片中的 Excel 电子表格

9 调整 Excel 电子表格的大小与位置

8.4 Word 2003 与 PowerPoint 2003 资源共享

在 Word 2003 与 PowerPoint 2003 之间也可以进行数据调用和资源共享操作，下面就来介绍其具体操作方法。

8.4.1 将 Word 2003 文档转换为幻灯片

Word 2003 中有一种简单的方法可以将 Word 2003 文档转换成可供演示的 PowerPoint 文件，具体操作步骤如下。

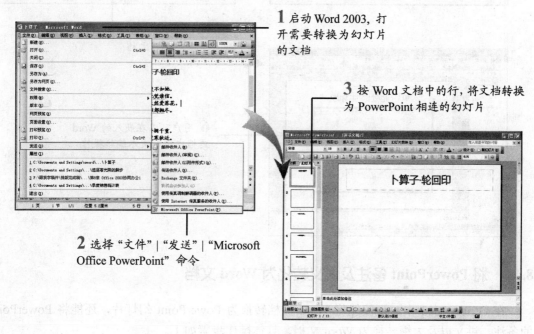

1 启动 Word 2003，打开需要转换为幻灯片的文档

3 按 Word 文档中的行，将文档转换为 PowerPoint 相连的幻灯片

2 选择"文件"|"发送"|"Microsoft Office PowerPoint"命令

8.4.2 在 PowerPoint 2003 中嵌入 Word 2003 文档

PowerPoint 中的表格功能没有 Word 与 Excel 中的表格功能强大，但是利用 Office 组件，可以在 PowerPoint 中创建一个嵌入式 Word 文档，其具体操作步骤如下。

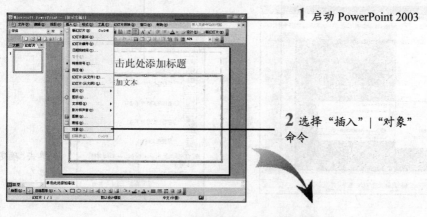

1 启动 PowerPoint 2003

2 选择"插入"|"对象"命令

3 选中"新建"单选项

4 选中"Microsoft Word 文档"命令,单击"确定"按钮

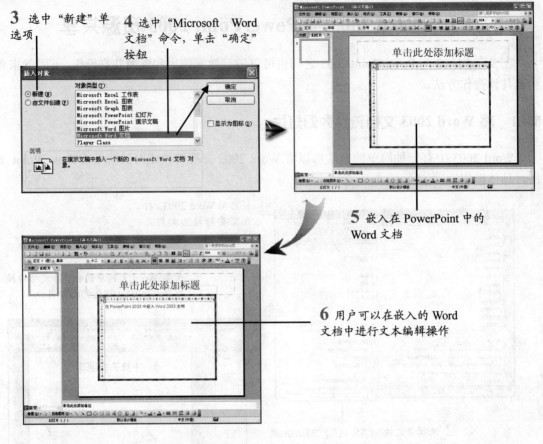

5 嵌入在 PowerPoint 中的 Word 文档

6 用户可以在嵌入的 Word 文档中进行文本编辑操作

8.4.3 将 PowerPoint 备注及讲义转化为 Word 文档

在 Office 2003 中,不仅能将 Word 文档转换为 PowerPoint 幻灯片,还能将 PowerPoint 的备注、讲义以及大纲转换为 Word 文档,具体操作步骤如下。

1 打开需要发送为 Word 文档的幻灯片

2 选择"文件"|"发送"|"Microsoft Office Word"命令

3 选中"备注在幻灯片旁"单选项

4 单击"确定"按钮

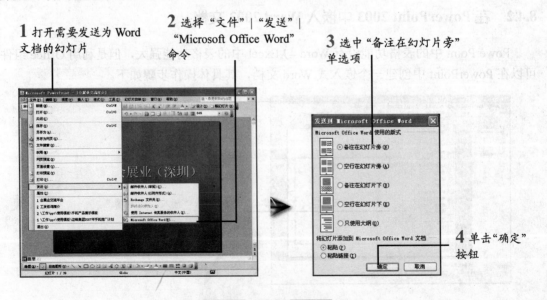

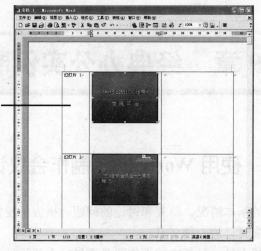

5 这样即可将 PowerPoint 备注及讲义转化为 Word 文档

"发送到 Microsoft Office Word" 对话框中的单选项分别具有以下功能。

❖ 选中"备注在幻灯片旁"或"空行在幻灯片旁"单选项，结果都将生成一个 3 列表格。

❖ 选中"备注在幻灯片下"单选项，第 3 列将显示备注的内容。

❖ 选中"空行在幻灯片下"单选项，第 3 列则是空白列。

第9章　经典办公实例制作

9.1　使用 Word 2003 制作会议记录

会议记录是把会议的基本情况、研究和讨论的问题、报告、发言的内容以及形成的决议等如实记录下来成为书面材料的一种文书。

作为一个公司的文秘人员，最基本的工作就是要做好会议记录，如果事先已建立好了一张内容全面的会议记录表格，这将使你在会议开始时不会手忙脚乱，从而高质量地做好文秘工作。

9.1.1　创建表格

要制作会议记录，首先需要创建一个新文档，然后再创建表格，其具体操作方法如下。

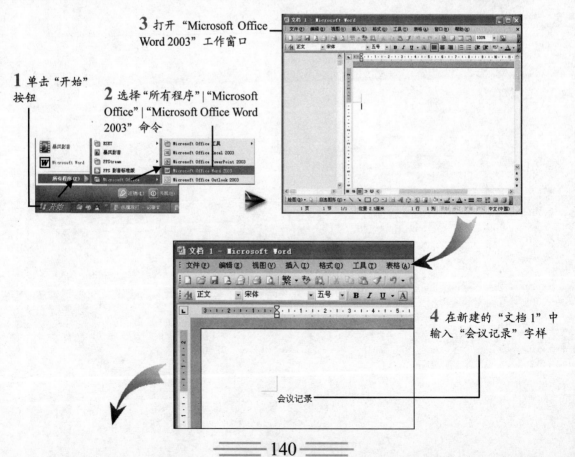

3 打开 "Microsoft Office Word 2003" 工作窗口

1 单击 "开始" 按钮

2 选择 "所有程序" | "Microsoft Office" | "Microsoft Office Word 2003" 命令

4 在新建的 "文档1" 中输入 "会议记录" 字样

会议记录

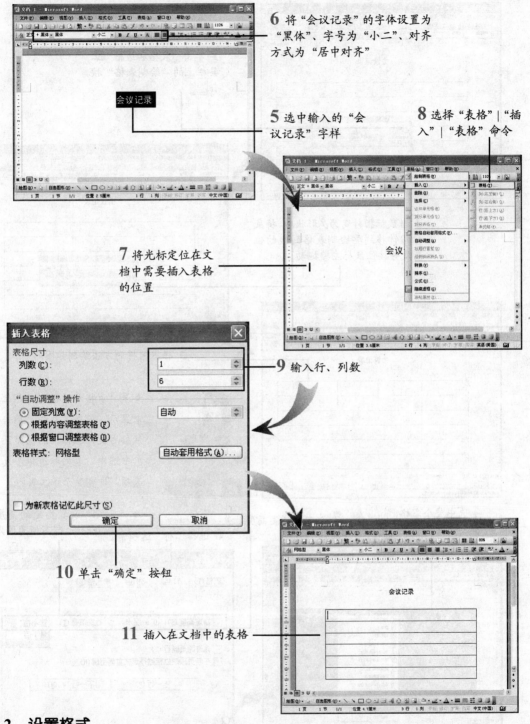

6 将"会议记录"的字体设置为"黑体"、字号为"小二"、对齐方式为"居中对齐"

5 选中输入的"会议记录"字样

8 选择"表格"|"插入"|"表格"命令

7 将光标定位在文档中需要插入表格的位置

9 输入行、列数

10 单击"确定"按钮

11 插入在文档中的表格

9.1.2 设置格式

刚刚插入的表格还只是一个雏形，这时还需要对它进行变形、调整大小、改变行高和列宽、设置边框和底纹等操作，具体方法如下。

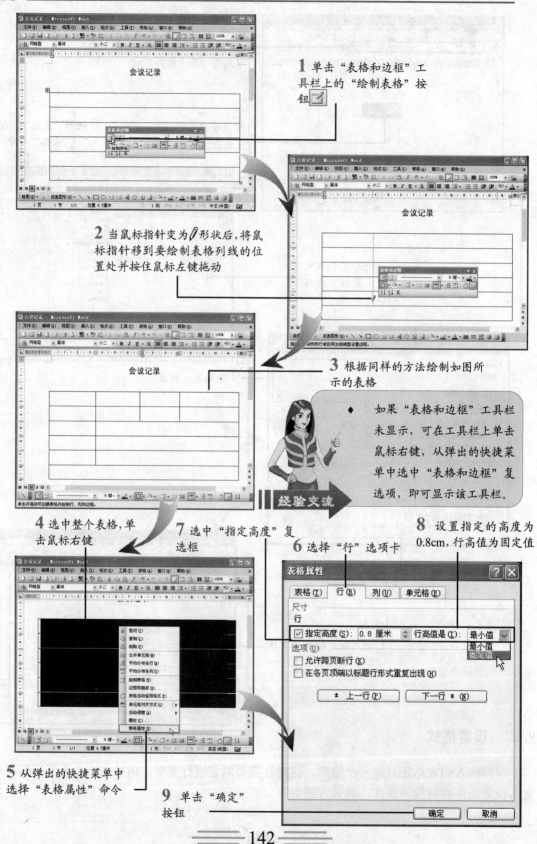

1 单击"表格和边框"工具栏上的"绘制表格"按钮

2 当鼠标指针变为∅形状后,将鼠标指针移到要绘制表格列线的位置处并按住鼠标左键拖动

3 根据同样的方法绘制如图所示的表格

◆ 如果"表格和边框"工具栏未显示,可在工具栏上单击鼠标右键,从弹出的快捷菜单中选中"表格和边框"复选项,即可显示该工具栏。

经验交流

4 选中整个表格,单击鼠标右键

5 从弹出的快捷菜单中选择"表格属性"命令

6 选择"行"选项卡

7 选中"指定高度"复选框

8 设置指定的高度为0.8cm,行高值为固定值

9 单击"确定"按钮

9.1.3 输入内容

表格制作好后，就可以开始输入内容了。在表格中输入内容与在文档中输入内容的方法一样，只需先将插入点移至要输入内容的单元格中，然后在完成该单元格的输入后将插入点移至其他单元格即可，其具体操作步骤如下。

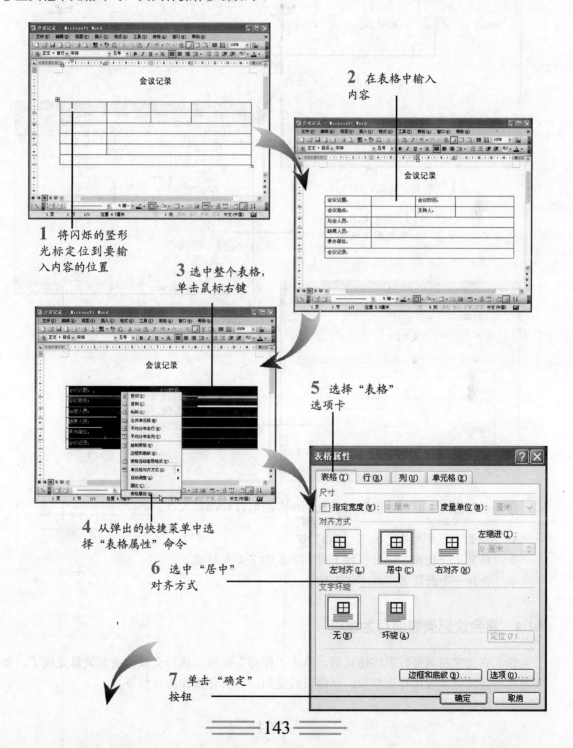

1 将闪烁的竖形光标定位到要输入内容的位置

2 在表格中输入内容

3 选中整个表格，单击鼠标右键

4 从弹出的快捷菜单中选择"表格属性"命令

5 选择"表格"选项卡

6 选中"居中"对齐方式

7 单击"确定"按钮

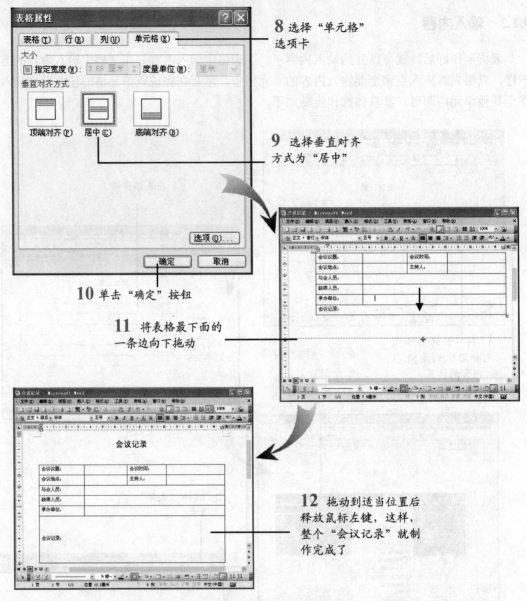

8 选择"单元格"选项卡

9 选择垂直对齐方式为"居中"

10 单击"确定"按钮

11 将表格最下面的一条边向下拖动

12 拖动到适当位置后释放鼠标左键，这样，整个"会议记录"就制作完成了

在输入表格内容时，通过以下任意一种方法可以移动插入点。

❖ 移至下一单元格：按下"Tab"键。

❖ 移至上一行或下一行：按下向上↑或向下↓光标键。

❖ 开始一个新段落：按下回车键。

9.1.4 将会议记录表保存为模板

输入完文字和调整好表格格式后，单击"保存"按钮，这份会议记录表就算完成了。如要将这份会议记录表保存为模板，以便以后使用，其具体操作方法如下。

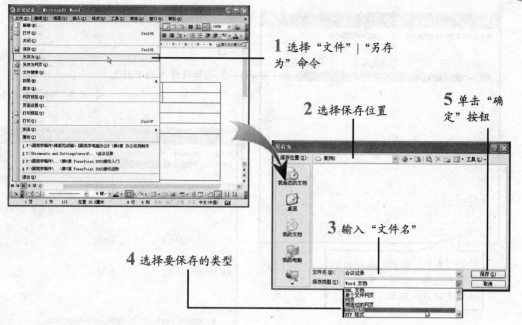

1 选择 "文件" | "另存
为" 命令

2 选择保存位置

5 单击 "确
定" 按钮

3 输入 "文件名"

4 选择要保存的类型

9.1.5 通过邮箱发送会议记录

很多时候需要将会议记录的议程通报给上司或部分员工，让他们了解会议的具体情况及讨论的要点和结果。这时，可以使用邮件的形式快速地将会议记录发送出去。

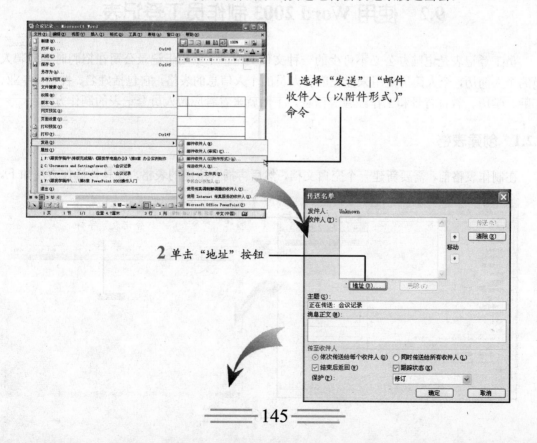

1 选择 "发送" | "邮件
收件人（以附件形式）"
命令

2 单击 "地址" 按钮

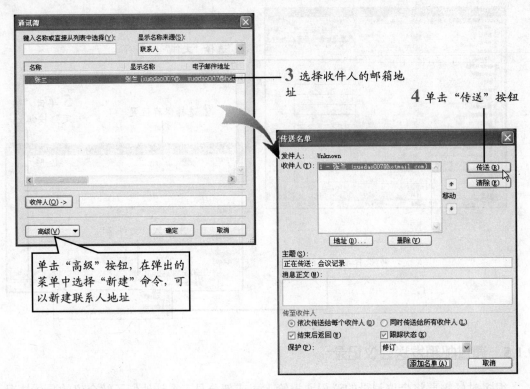

3 选择收件人的邮箱地址

4 单击"传送"按钮

单击"高级"按钮，在弹出的菜单中选择"新建"命令，可以新建联系人地址

9.2 使用 Word 2003 制作员工登记表

员工登记表是电脑办公必不可少的一种文件类型，主要用于记录公司在招聘时来应聘人员的个人简历，个人简历是用来登记应聘人员的个人信息的表格，它包括姓名、性别、专业、年龄、学历、教育背景和工作经验等信息。下面就来看看应聘人员登记表的制作方法。

9.2.1 创建表格

在制作表格前，需要新建一个空白文档，然后再插入所需的表格，其具体操作方法如下。

1 选择"文件"| "新建"命令

2 在文档中输入"员工登记表"字样

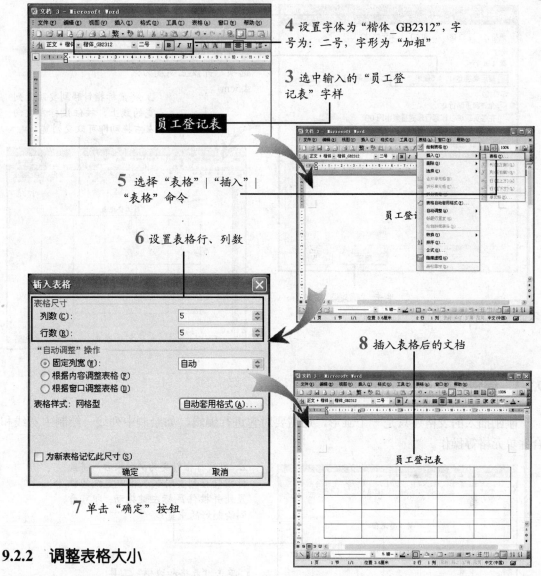

4 设置字体为"楷体_GB2312",字号为:二号,字形为"加粗"

3 选中输入的"员工登记表"字样

5 选择"表格"|"插入"|"表格"命令

6 设置表格行、列数

7 单击"确定"按钮

8 插入表格后的文档

9.2.2 调整表格大小

刚插入的表格还需要进行表格大小的调整,使其满足表格的需要。调整表格大小的具体操作方法如下。

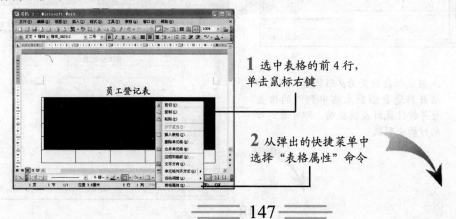

1 选中表格的前4行,单击鼠标右键

2 从弹出的快捷菜单中选择"表格属性"命令

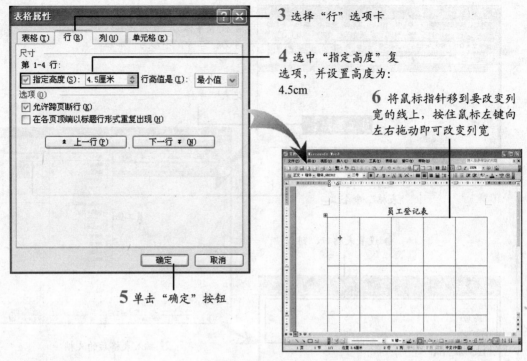

3 选择 "行" 选项卡

4 选中 "指定高度" 复选项, 并设置高度为: 4.5cm

6 将鼠标指针移到要改变列宽的线上, 按住鼠标左键向左右拖动即可改变列宽

5 单击 "确定" 按钮

9.2.3 编辑表格

刚刚插入的表格还只是一个雏形, 还需要对它进行编辑, 如绘制中列线、绘制中宽线和合并单元格等操作。

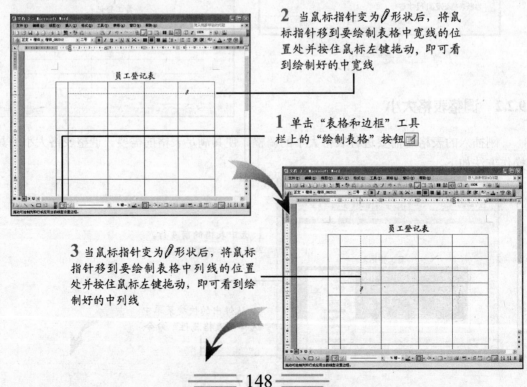

2 当鼠标指针变为 ∥ 形状后, 将鼠标指针移到要绘制表格中宽线的位置处并按住鼠标左键拖动, 即可看到绘制好的中宽线

1 单击 "表格和边框" 工具栏上的 "绘制表格" 按钮

3 当鼠标指针变为 ∥ 形状后, 将鼠标指针移到要绘制表格中列线的位置处并按住鼠标左键拖动, 即可看到绘制好的中列线

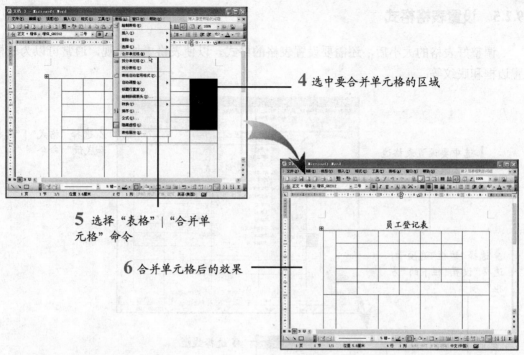

4 选中要合并单元格的区域

5 选择"表格"|"合并单元格"命令

6 合并单元格后的效果

9.2.4 输入内容

表格制作好后，就可以开始输入内容了。在表格中输入内容与在文档中输入内容的方法一样，只需先将插入点移至要输入内容的单元格中，然后在完成该单元格的输入后将插入点移至其他单元格即可，其具体操作方法如下。

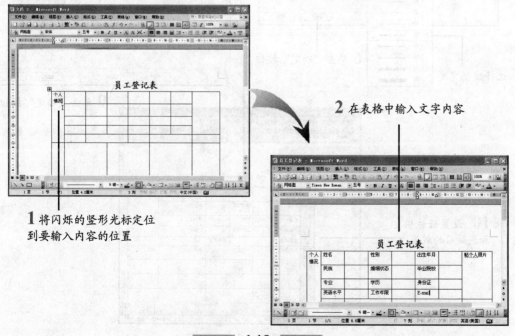

2 在表格中输入文字内容

1 将闪烁的竖形光标定位到要输入内容的位置

9.2.5 设置表格格式

调整好表格的大小后，还需要设置表格的格式，以使表格更加美观，通常可以为表格设置边框和底纹等。

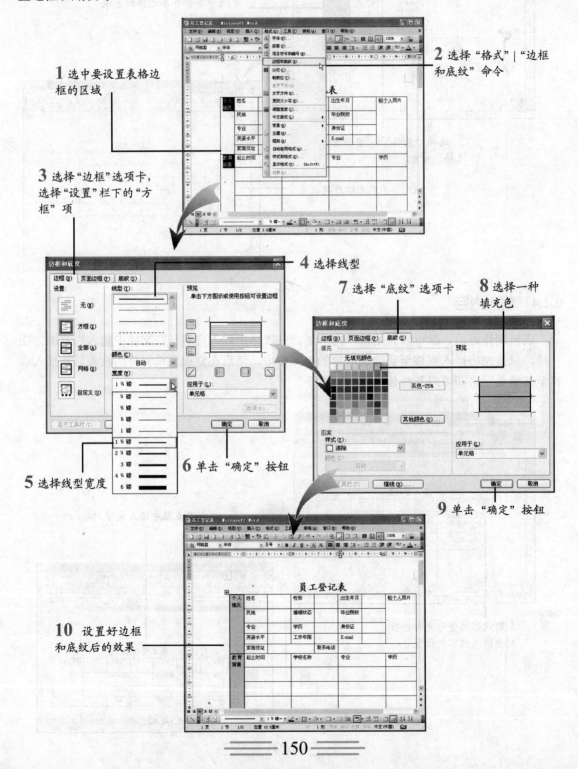

1 选中要设置表格边框的区域

2 选择"格式"|"边框和底纹"命令

3 选择"边框"选项卡，选择"设置"栏下的"方框"项

4 选择线型

5 选择线型宽度

6 单击"确定"按钮

7 选择"底纹"选项卡

8 选择一种填充色

9 单击"确定"按钮

10 设置好边框和底纹后的效果

9.2.6 设置文字格式

在默认情况下输入的文本都是宋体、五号、靠上端对齐的，若要更改表格中的文本格式，可按如下方法操作。

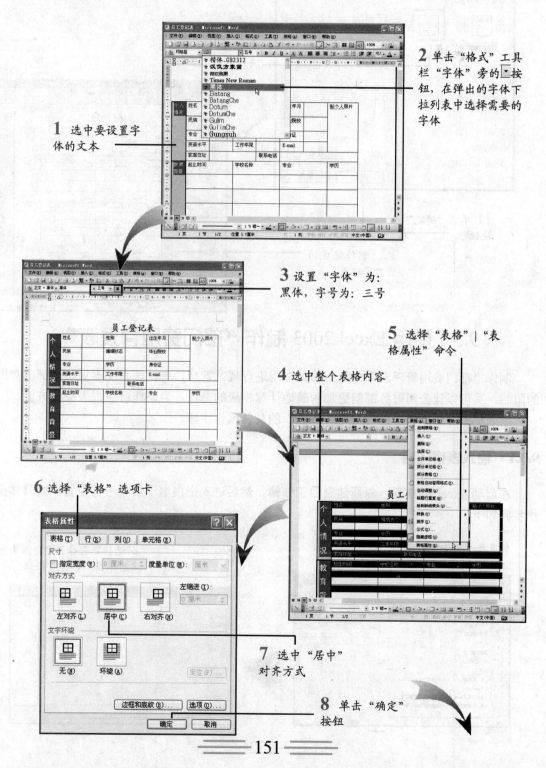

1 选中要设置字体的文本

2 单击"格式"工具栏"字体"旁的▼按钮，在弹出的字体下拉列表中选择需要的字体

3 设置"字体"为：黑体，字号为：三号

4 选中整个表格内容

5 选择"表格"|"表格属性"命令

6 选择"表格"选项卡

7 选中"居中"对齐方式

8 单击"确定"按钮

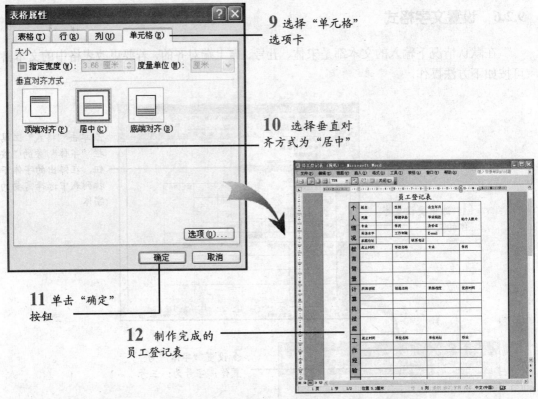

9 选择"单元格"
选项卡

10 选择垂直对
齐方式为"居中"

11 单击"确定"
按钮

12 制作完成的
员工登记表

9.3 使用 Excel 2003 制作"部门费用管理表"

制作"部门费用管理表"来对各部门费用进行规范管理，这样既有助于对每个部门费用的限制，又可以让公司财务部门更加明确地计算相应的费用，为制作财务报表提供方便。

下面就来介绍制作"部门费用管理表"的具体操作步骤。

9.3.1 输入表格内容

在启动 Excel 2003 后，先新建空白工作簿，然后进入空白电子表格进行设置，其具体操作步骤如下。

1 选择"文件"|"保存"命令

2 选择保存位置，输入文件名后单击"保存"按钮

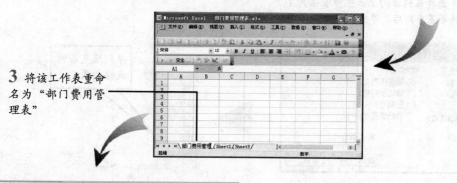

3 将该工作表重命名为"部门费用管理表"

4 输入表头内容

这样，"部门费用管理表"的雏形就建立起来了，接下来将在表格中填入数据。

1 选中 A3 单元格，然后按"Ctrl+1"组合键打开"单元格格式"对话框

2 选中"数字"选项卡

3 选择"自定义"项

4 在"类型"栏中输入"0000"

5 单击"确定"按钮

8 选择"编辑" | "填充" | "序列"命令

6 在 A3 单元格中输入"1"

7 选中 A3:A34 单元格区域

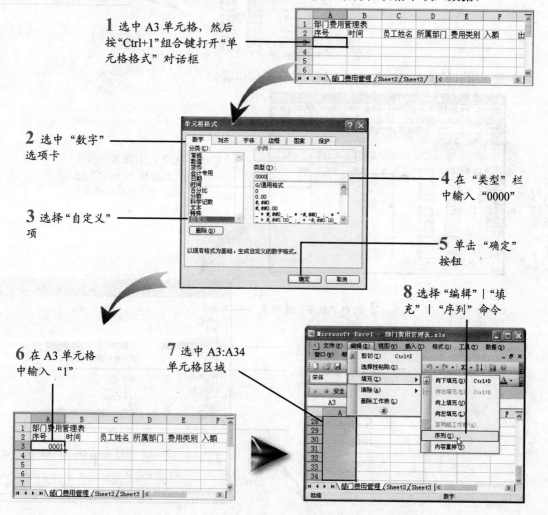

9 选择在列方向上产生步长值为 1 的等差序列后，单击"确定"按钮

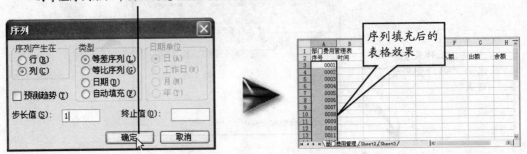

输入完"序号"列，接下来开始输入"时间"、"员工姓名"、"所属部门"和"费用类别"，输入完成后的工作表效果如下。

接下来开始输入每笔费用的金额，具体操作步骤如下。

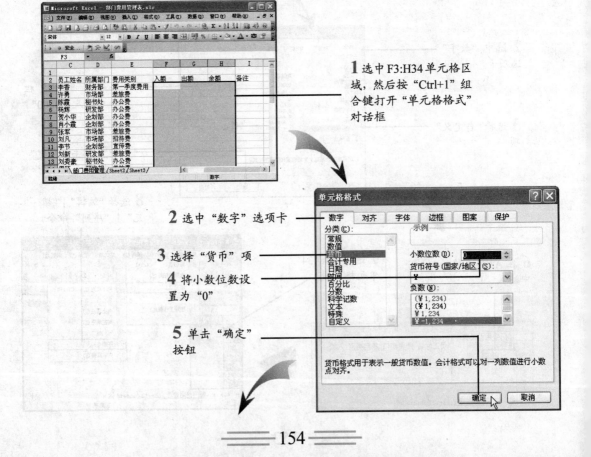

1 选中 F3:H34 单元格区域，然后按"Ctrl+1"组合键打开"单元格格式"对话框

2 选中"数字"选项卡

3 选择"货币"项

4 将小数位数设置为"0"

5 单击"确定"按钮

6 在 "入额" 和 "出额" 列中输入金额

输入完每笔费用的金额后，下面通过公式来计算每笔费用支出后的余额。

编辑计算余额公式的具体操作步骤如下。

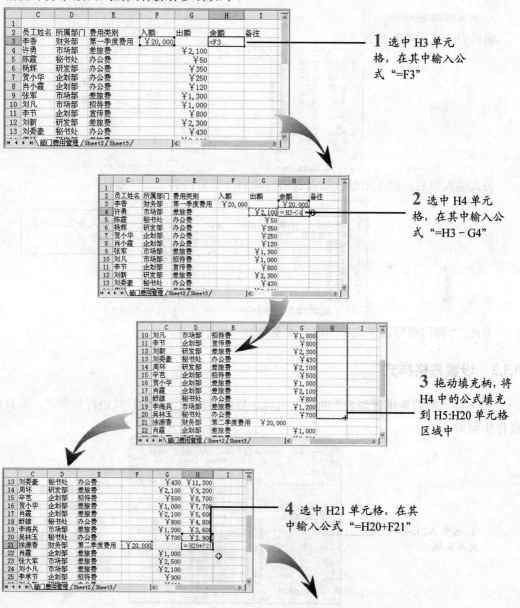

1 选中 H3 单元格，在其中输入公式 "=F3"

2 选中 H4 单元格，在其中输入公式 "=H3 - G4"

3 拖动填充柄，将 H4 中的公式填充到 H5:H20 单元格区域中

4 选中 H21 单元格，在其中输入公式 "=H20+F21"

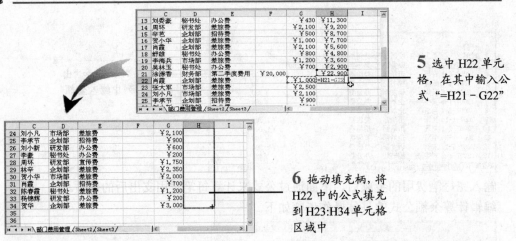

5 选中 H22 单元格，在其中输入公式 "=H21 - G22"

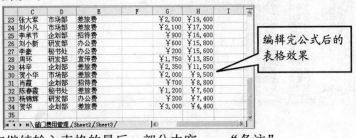

6 拖动填充柄，将 H22 中的公式填充到 H23:H34 单元格区域中

编辑完公式后的表格效果如下。

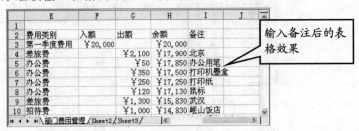

编辑完公式后的表格效果

公式输入完后，接下来继续输入表格的最后一部分内容——"备注"。

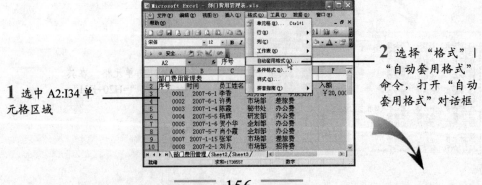

输入备注后的表格效果

至此，"部门费用管理表"的内容就基本输入完毕。

9.3.2　设置表格样式

输入完"部门费用管理表"的基本内容之后就可以对表格的样式进行设置了，其具体的操作步骤如下。

1 选中 A2:I34 单元格区域

2 选择"格式"|"自动套用格式"命令，打开"自动套用格式"对话框

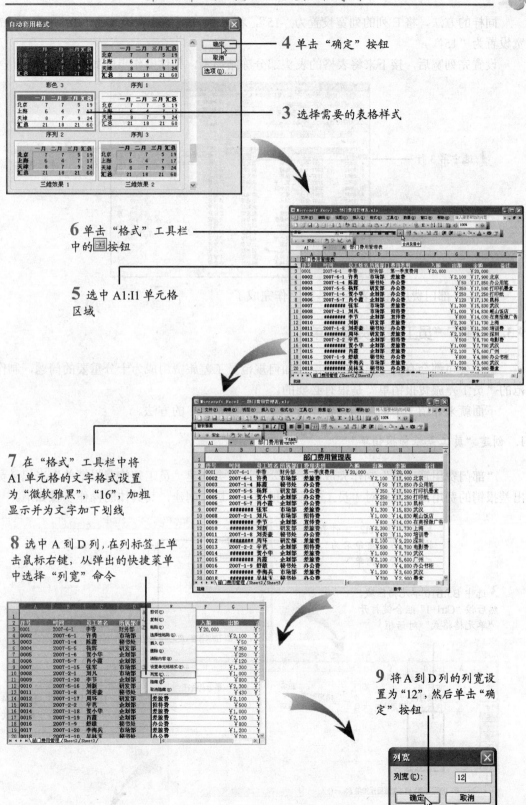

4 单击"确定"按钮

3 选择需要的表格样式

6 单击"格式"工具栏中的 按钮

5 选中 A1:I1 单元格区域

7 在"格式"工具栏中将 A1 单元格的文字格式设置为"微软雅黑","16",加粗显示并为文字加下划线

8 选中 A 到 D 列,在列标签上单击鼠标右键,从弹出的快捷菜单中选择"列宽"命令

9 将 A 到 D 列的列宽设置为"12",然后单击"确定"按钮

同样的方法，将 E 列的列宽设置为"15"，将 F 到 H 列的列宽设置为"10"，将 I 列的列宽设置为"15"。

设置完列宽后，接下来将表格的表头部分冻结显示，具体操作步骤如下。

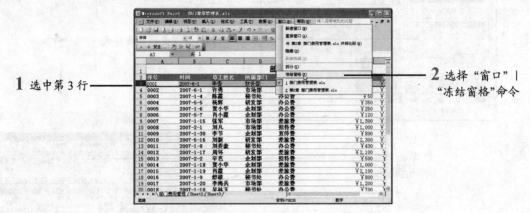

1 选中第 3 行

2 选择"窗口"|"冻结窗格"命令

至此，"部门费用管理表"就基本制作完成了。

9.3.3 制作"员工差旅费报销单"

每个公司都会有员工出差的情况，如何规范员工差旅费用成为十分重要的问题，制作规范的"员工差旅费报销单"是很有必要的。

下面就来介绍一下创建和设置"员工差旅费报销单"的方法。

1. 创建"员工差旅费报销单"

"部门费用管理表"制作完成以后，公司通常会创建"员工差旅费报销单"来记录员工出差报销的费用，下面就对"员工差旅费报销单"进行创建，其具体的操作步骤如下。

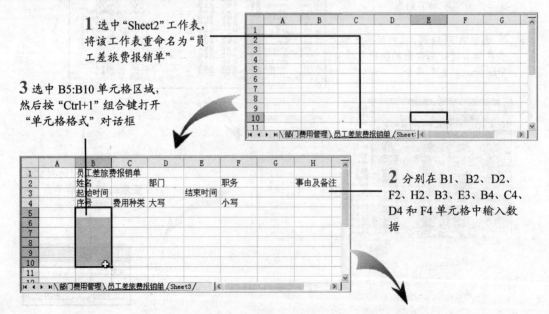

1 选中"Sheet2"工作表，将该工作表重命名为"员工差旅费报销单"

3 选中 B5:B10 单元格区域，然后按"Ctrl+1"组合键打开"单元格格式"对话框

2 分别在 B1、B2、D2、F2、H2、B3、E3、B4、C4、D4 和 F4 单元格中输入数据

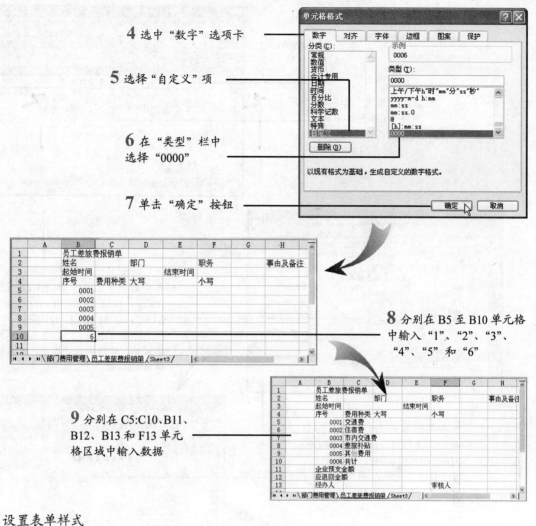

4 选中"数字"选项卡

5 选择"自定义"项

6 在"类型"栏中选择"0000"

7 单击"确定"按钮

8 分别在 B5 至 B10 单元格中输入"1"、"2"、"3"、"4"、"5"和"6"

9 分别在 C5:C10、B11、B12、B13 和 F13 单元格区域中输入数据

2. 设置表单样式

制作完"员工差旅费报销单"后，下面就对"员工差旅费报销单"进行格式设置，其具体操作步骤如下。

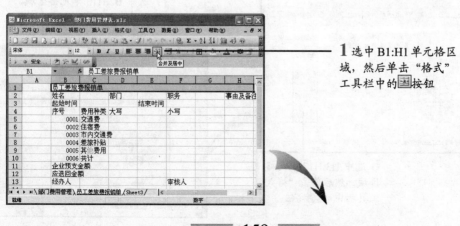

1 选中 B1:H1 单元格区域，然后单击"格式"工具栏中的 按钮

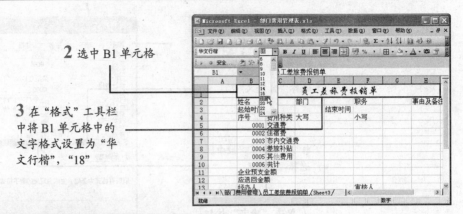

2 选中 B1 单元格

3 在"格式"工具栏中将 B1 单元格中的文字格式设置为"华文行楷"，"18"

4 分别选中 C3:D3、D4:E4、D5:E5、D6:E6、D7:E7、D8:E8、D9:E9、B11:C11、B12:C12、D10:E10、D11:E11、D12:E12、C13:E13 单元格区域，然后单击"格式"工具栏中的 按钮

5 分别选中 F3:G3、F4:G4、F5:G5、F6:G6、F7:G7、F8:G8、F9:G9、F10:G10、F11:G11、F12:G12、G13:H13 单元格区域，然后单击"格式"工具栏中的 按钮

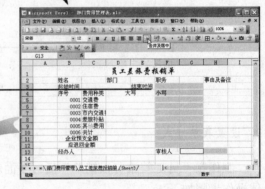

7 选中 B2:H13 单元格区域，然后单击"格式"工具栏中的 按钮

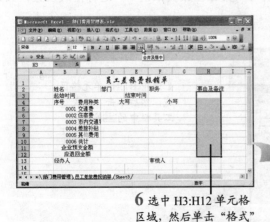

6 选中 H3:H12 单元格区域，然后单击"格式"工具栏中的 按钮

设置完单元格合并及居中和表格文字的对齐方式，接下来对表格的列宽和行高进行必要的调整。

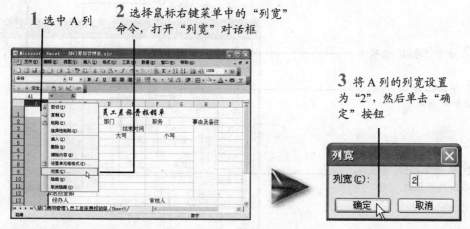

1 选中 A 列

2 选择鼠标右键菜单中的"列宽"命令，打开"列宽"对话框

3 将 A 列的列宽设置为"2"，然后单击"确定"按钮

同样，将 B 列的列宽设置为"15"，C 列的列宽设置为"11"，D 到 G 列的列宽设置为"9"，H 列的列宽设置为"12"。

列宽设置完成后，接着进行行高的设置。

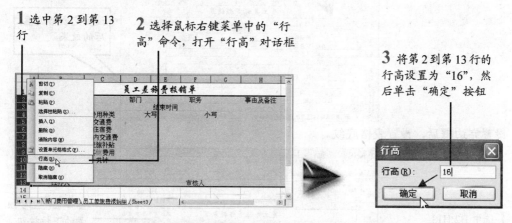

1 选中第 2 到第 13 行

2 选择鼠标右键菜单中的"行高"命令，打开"行高"对话框

3 将第 2 到第 13 行的行高设置为"16"，然后单击"确定"按钮

这样，表格的行高和列宽就都设置完成了，接下来对表格的边框和底纹进行设置。

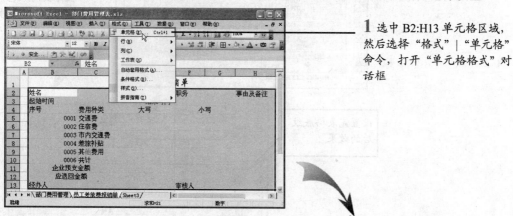

1 选中 B2:H13 单元格区域，然后选择"格式"|"单元格"命令，打开"单元格格式"对话框

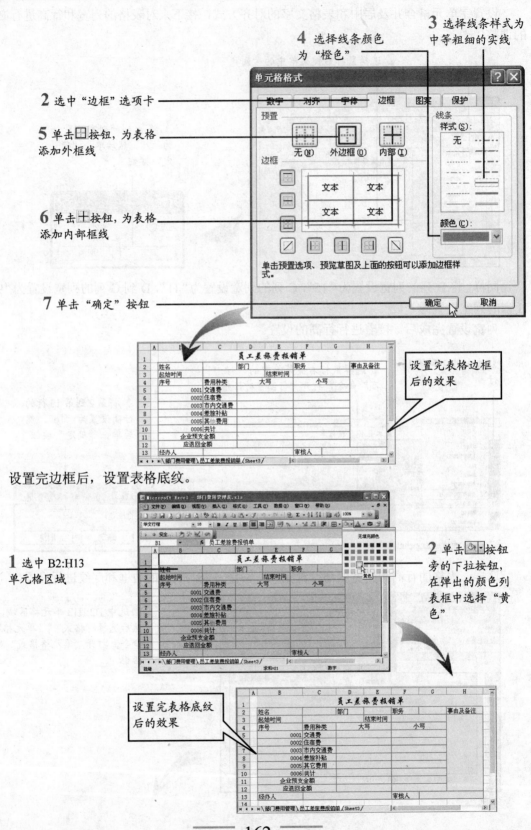

设置完边框后，设置表格底纹。

至此，"员工差旅费报销单"就基本制作完成了。

9.3.4 制作"企业员工外勤费用报销单"

作为一个企业，仅仅有"员工差旅费报销单"是不够的，另外还要建立"企业员工外勤费用报销单"来规范员工的交通费、资料费、交际费、补贴费等必要费用。

1. 创建"企业员工外勤费用报销单"

制作完"员工差旅费报销单"以后，下面就对"企业员工外勤费用报销单"进行创建，具体的操作步骤如下。

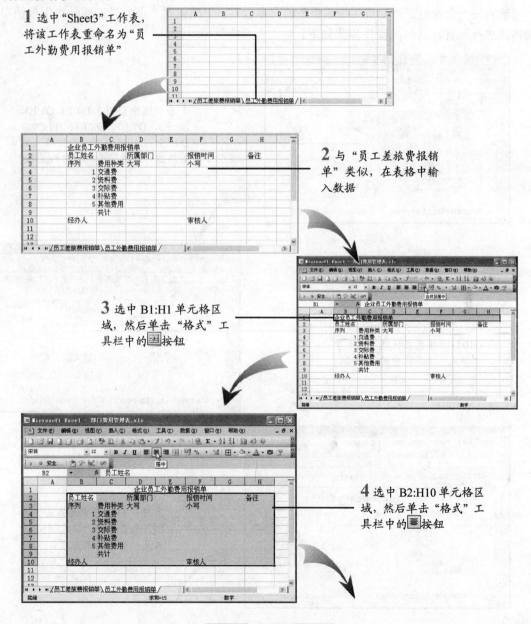

1 选中"Sheet3"工作表，将该工作表重命名为"员工外勤费用报销单"

2 与"员工差旅费报销单"类似，在表格中输入数据

3 选中 B1:H1 单元格区域，然后单击"格式"工具栏中的█按钮

4 选中 B2:H10 单元格区域，然后单击"格式"工具栏中的█按钮

内容输入完成后的表格效果

至此，"企业员工外勤费用报销单"的内容就输入完毕了。

2. 设置表单样式

输入完"企业员工外勤费用报销单"的内容以后，下面就对"企业员工外勤费用报销单"的格式进行设置，具体的操作步骤如下。

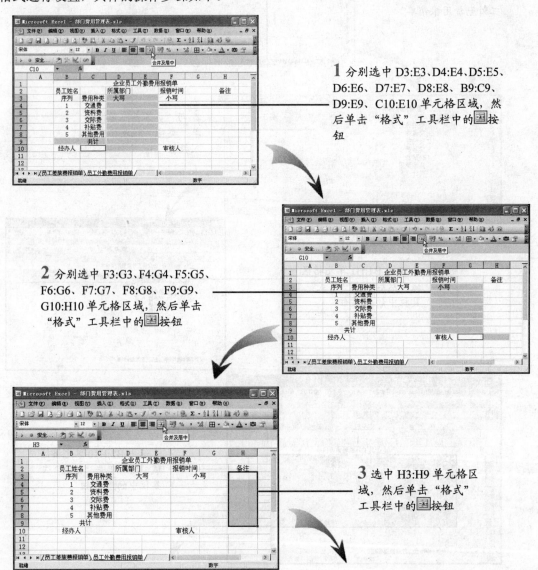

1 分别选中 D3:E3、D4:E4、D5:E5、D6:E6、D7:E7、D8:E8、B9:C9、D9:E9、C10:E10 单元格区域，然后单击"格式"工具栏中的 ▦ 按钮

2 分别选中 F3:G3、F4:G4、F5:G5、F6:G6、F7:G7、F8:G8、F9:G9、G10:H10 单元格区域，然后单击"格式"工具栏中的 ▦ 按钮

3 选中 H3:H9 单元格区域，然后单击"格式"工具栏中的 ▦ 按钮

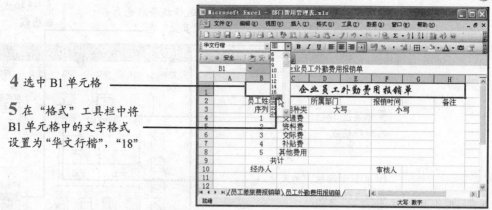

4 选中 B1 单元格

5 在"格式"工具栏中将 B1 单元格中的文字格式设置为"华文行楷","18"

设置完表格的合并及居中和表格标题的文字格式，接下来对表格的列宽和行高进行设置。

1 选中 A 列

2 选择鼠标右键菜单中的"列宽"命令，打开"列宽"对话框

3 将 A 列的列宽设置为"2"，然后单击"确定"按钮

同样，将 B 到 G 列的列宽设置为"9"，H 列的列宽设置为"12"。

设置完列宽，接着进行行高设置。选中第 2 到第 10 行，然后选择鼠标右键菜单中的"行高"命令，打开"行高"对话框。在"行高"对话框中将第 2 到第 10 行的行高设置为"20"，然后单击"确定"按钮。

行高和列宽设置完成后，接下来继续对表格的边框和底纹进行设置。

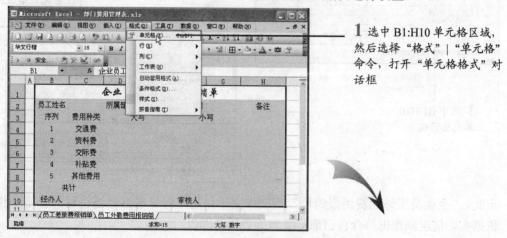

1 选中 B1:H10 单元格区域，然后选择"格式"|"单元格"命令，打开"单元格格式"对话框

4 选择线条颜色为"紫罗兰"色

3 选择线条样式为粗虚线

2 选中"边框"选项卡

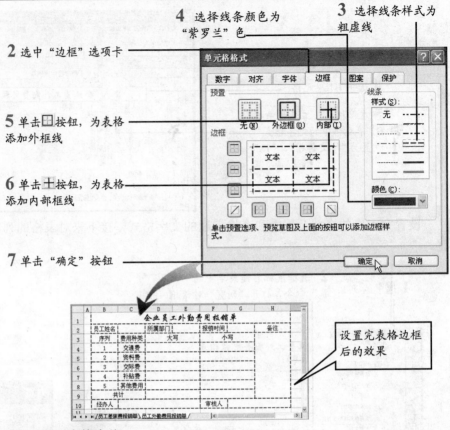

5 单击⊞按钮，为表格添加外框线

6 单击╋按钮，为表格添加内部框线

7 单击"确定"按钮

设置完表格边框后的效果

设置完边框，然后设置表格底纹。

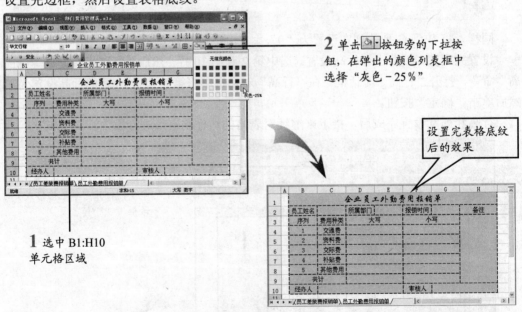

2 单击按钮旁的下拉按钮，在弹出的颜色列表框中选择"灰色－25％"

设置完表格底纹后的效果

1 选中 B1:H10 单元格区域

至此，"企业员工外勤费用报销单"就制作完了，用户可以根据上述讲解的表格制作过程，依据实际情况制作出符合自己部门要求的费用管理表。

9.4 使用 Excel 2003 制作企业资产负债表

企业资产负债表是企业办公中经常使用到的表格之一。下面，就来看看如何使用 Excel 2003 制作企业资产负债表。

9.4.1 创建"总账"表

启动 Excel 2003 程序，程序会自动新建一个名为"Book1"的工作簿，将该工作簿以名称"企业资产负债表"保存到用户需要的位置。

接下来开始制作"企业资产负债表"，首先创建一个"总账"表，具体操作步骤如下。

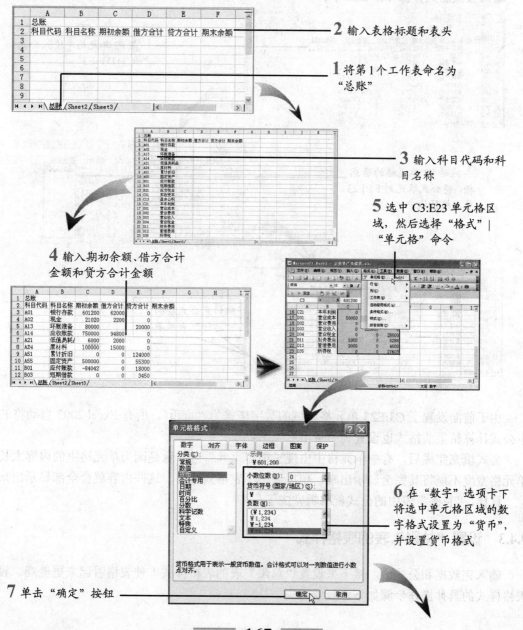

2 输入表格标题和表头

1 将第 1 个工作表命名为"总账"

3 输入科目代码和科目名称

5 选中 C3:E23 单元格区域，然后选择"格式"|"单元格"命令

4 输入期初余额、借方合计金额和贷方合计金额

6 在"数字"选项卡下将选中单元格区域的数字格式设置为"货币"，并设置货币格式

7 单击"确定"按钮

创建的"总账"表

9.4.2 建立计算公式

创建"总账"表并输入数据后，下面将在"总账"表建立计算"期末余额"的公式。输入公式的具体操作步骤如下。

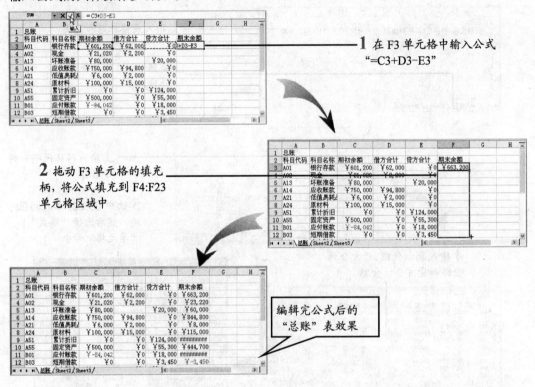

1 在 F3 单元格中输入公式"=C3+D3-E3"

2 拖动 F3 单元格的填充柄，将公式填充到 F4:F23 单元格区域中

编辑完公式后的"总账"表效果

由于前面设置了 C3:E23 单元格区域的数字格式为"货币"，所有 Excel 2003 自动将 F 列中公式计算结果的格式也设置为"货币"。

公式填充完成后，有些单元格中出现了很多"#"号，这是因为单元格中的内容太长，单元格宽度不能将其完全显示出来，稍后调整了表格列宽后，这些内容就会全部显示出来。

这样，"总账"表中的公式就编辑完成了。

9.4.3 设置"总账"表的表格样式

输入完数据和公式后，接下来设置"总账"表的表格样式，使表格看起来更美观。设置表格样式的具体操作步骤如下。

1 选中 A1:F1 单元格区域，单击"格式"工具栏中的 ⊞ 按钮

2 选中 A 到 F 列，然后在列标签上单击鼠标右键，选择快捷菜单中的"列宽"命令

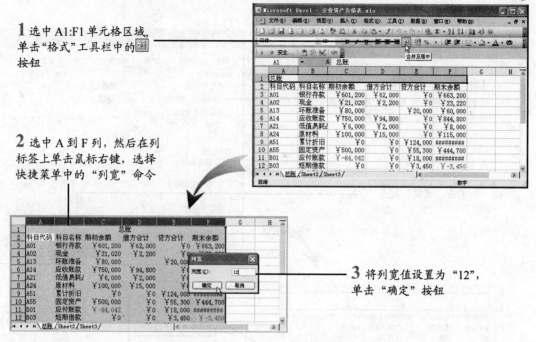

3 将列宽值设置为"12"，单击"确定"按钮

设置完表格列宽后，开始显示为"########"的数值就完全显示出来了。
接下来设置表格的行高，具体操作步骤如下。

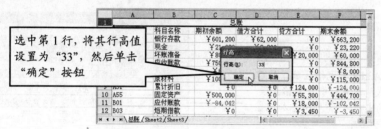

选中第 1 行，将其行高值设置为"33"，然后单击"确定"按钮

用同样的方法将第 2 行的行高设置为"24"，将第 3 到第 23 行的行高设置为"18"。
接下来设置表格的文字格式，具体操作步骤如下。

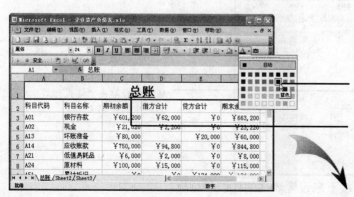

1 在"格式"工具栏中将 A1 单元格的格式设置为"黑体"，"24"，加粗显示并加下划线，将其文字颜色设置为"蓝色"

2 选中 A1 单元格，然后按"Ctrl+1"组合键，打开"单元格格式"对话框

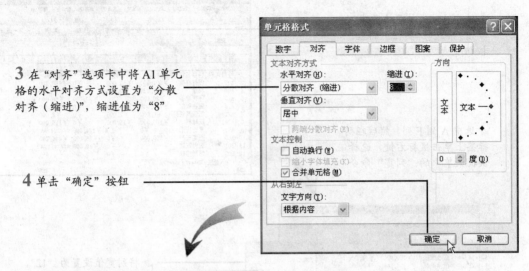

3 在"对齐"选项卡中将A1单元格的水平对齐方式设置为"分散对齐（缩进）"，缩进值为"8"

4 单击"确定"按钮

设置完缩进后的单元格效果

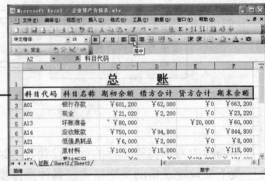

5 选中A2:F2单元格区域，然后在"格式"工具栏中将其格式设置为"华文楷体"，"16"，加粗显示，"水平居中"

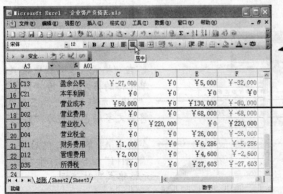

6 选中A3:B23单元格区域，然后单击"格式"工具栏中的按钮

设置完表格的文字格式，接下来设置表格的底纹和边框。

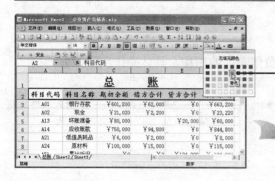

1 选中 A2:F2 单元格区域，然后单击"格式"工具栏中的 按钮，在弹出的列表框中选择"青色"

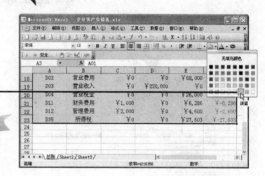

2 选中 A3:F23 单元格区域，然后单击"格式"工具栏中的 按钮，在弹出的列表框中选择"淡蓝"色

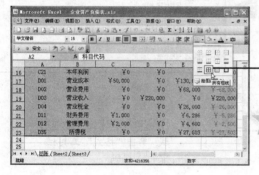

3 选中 A2:F23 单元格区域，然后单击 按钮旁的下拉按钮，在弹出的列表框中选择"所有框线"选项

4 选中第3行，然后选择"窗口"|"冻结窗格"命令

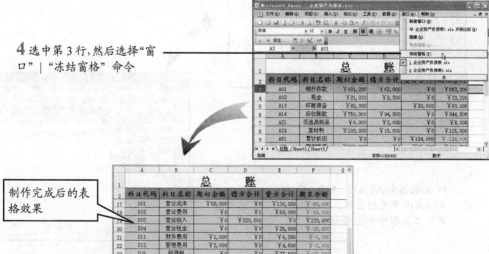

制作完成后的表格效果

至此，"总账"表就创建并设置完成了。

9.4.4 创建"资产负债表"

制作完"总账"表,接下来进行"资产负债表"的制作,具体操作步骤如下。

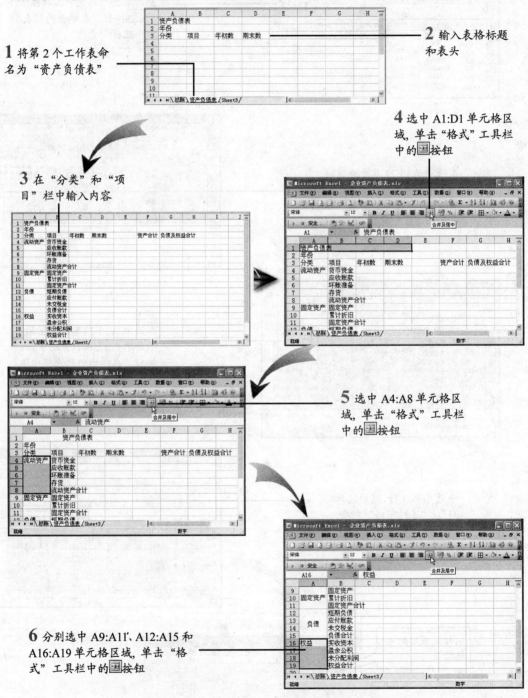

1 将第2个工作表命名为"资产负债表"

2 输入表格标题和表头

3 在"分类"和"项目"栏中输入内容

4 选中A1:D1单元格区域,单击"格式"工具栏中的 按钮

5 选中A4:A8单元格区域,单击"格式"工具栏中的 按钮

6 分别选中A9:A11、A12:A15和A16:A19单元格区域,单击"格式"工具栏中的 按钮

这样"资产负债表"的内容部分就基本完成了,接下来将在"资产负债表"中输入公式。

9.4.5 输入公式

输入完表格内容，下面将在表格中输入计算各项目金额的公式，具体操作步骤如下。

在 B2 单元格中输入公式
"=TEXT(NOW(),"e 年")"

"B2"单元格中的公式"=TEXT（NOW(),"e 年"）"里用到了"TEXT"函数和"NOW"函数。"NOW"函数的作用是返回当前的日期和时间，"TEXT"函数的作用是将数值按指定的格式显示出来。

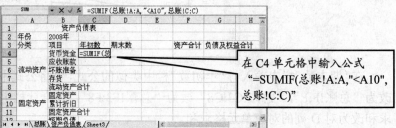

在 C4 单元格中输入公式
"=SUMIF(总账!A:A,"<A10",总账!C:C)"

与 C4 单元格中的公式类似，在 C5 单元格中输入公式"=SUMIF(总账!A:A,"A14",总账!C:C)"，在 C6 单元格中输入公式"=SUMIF(总账!A:A,"A13",总账!C:C)"，在 C6 单元格中输入公式"=SUMIF(总账!A3:A8,">A20",总账!C3:C8)"。

在 C8 单元格中输入公式
"=SUM(C4:C7)"

与 C4 单元格中的公式类似，在 C9 单元格中输入公式"=SUMIF(总账!A:A,"A55",总账!C:C)"，在 C10 单元格中输入公式"=SUMIF(总账!A:A,"A51",总账!C:C)"。

在 C11 单元格中输入公式
"=SUM(C9:C10)"

与 C4 单元格中的公式类似，在 C12 单元格中输入公式"=SUMIF(总账!A:A,"B03",总账!C:C)"，在 C13 单元格中输入公式"=SUMIF(总账!A:A,"B01",总账!C:C)"，在 C14 单元格中输入公式"=SUMIF(总账!A:A,"B21",总账!C:C)"。

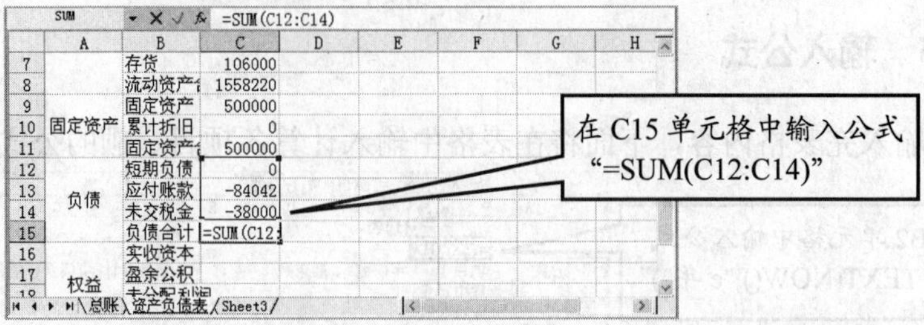

与 C4 单元格中的公式类似，在 C16 单元格中输入公式“=SUMIF(总账!A:A,"C01",总账!C:C)”，在 C13 单元格中输入公式“=SUMIF(总账!A:A,"C13",总账!C:C)”，在 C14 单元格中输入公式“=SUMIF(总账!A:A,">C20",总账!C:C)”。

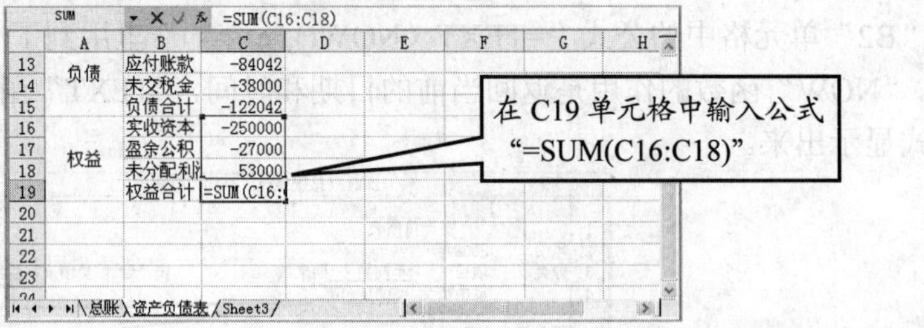

在“期末数”栏中输入与“年初数”栏中类似的公式，仅将公式中的求和范围由“总账!C:C”改为“总账!F:F”，“总账!C3:C8”改为“总账!F3:F8”，各合计栏中的公式由对 C 列的单元格求和改为对 D 列的对应单元格求和。

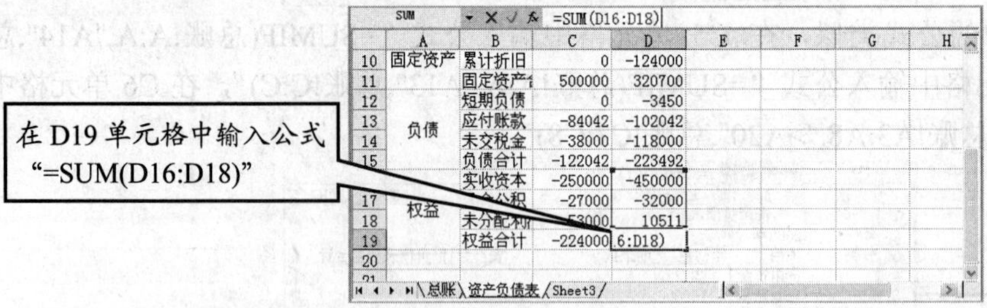

在 F4 单元格中输入公式“=D8+D11”。

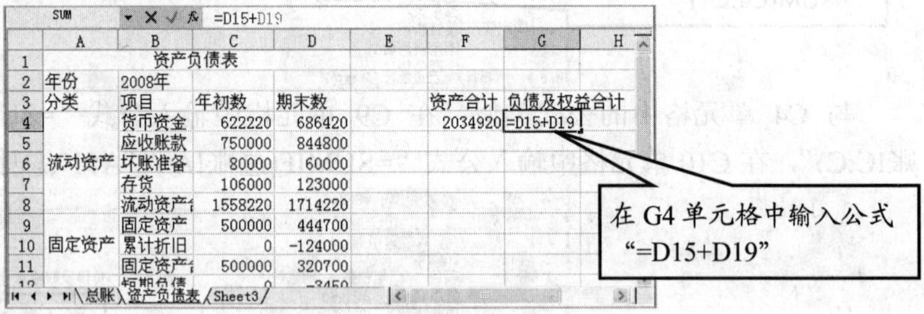

这样，“资产负债表”中的公式就输入完成了。

9.4.6 设置“资产负债表”的表格样式

“资产负债表”中的内容和公式都输入完后，接下来对表格的样式进行设置，具体操作步骤如下。

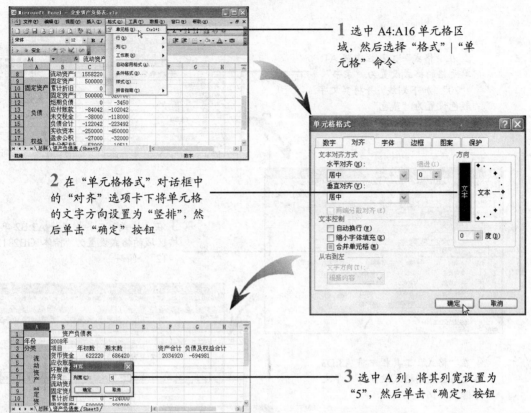

1 选中 A4:A16 单元格区域，然后选择"格式"|"单元格"命令

2 在"单元格格式"对话框中的"对齐"选项卡下将单元格的文字方向设置为"竖排"，然后单击"确定"按钮

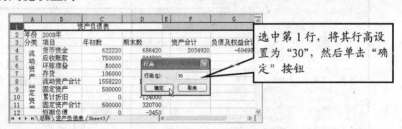

3 选中 A 列，将其列宽设置为"5"，然后单击"确定"按钮

用同样的方法将 B 到 D 列的列宽设置为"12"，将 E 列的列宽设置为"2"，将 F 列的列宽设置为"12"，将 G 列的列宽设置为"18"。

选中第 1 行，将其行高设置为"30"，然后单击"确定"按钮

用同样的方法将第 2 行的行高设置为"18"，将第 3 行的行高设置为"21"，将第 4 至第 19 行的行高设置为"19.5"。

1 选中 A3:G3 和 B4:B19 单元格区域，然后单击"格式"工具栏中的 ▤ 按钮

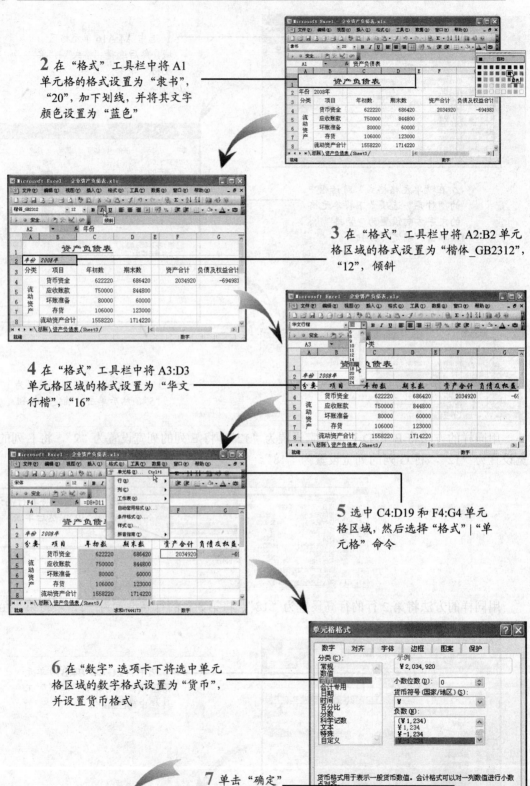

2 在"格式"工具栏中将 A1
单元格的格式设置为"隶书"，
"20"，加下划线，并将其文字
颜色设置为"蓝色"

3 在"格式"工具栏中将 A2:B2 单元
格区域的格式设置为"楷体_GB2312"，
"12"，倾斜

4 在"格式"工具栏中将 A3:D3
单元格区域的格式设置为"华文
行楷"，"16"

5 选中 C4:D19 和 F4:G4 单元
格区域，然后选择"格式"|"单
元格"命令

6 在"数字"选项卡下将选中单元
格区域的数字格式设置为"货币"，
并设置货币格式

7 单击"确定"
按钮

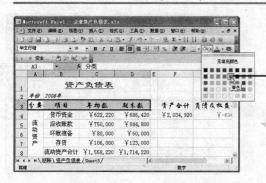

8 选中 A3:D3 单元格区域，然后单击"格式"工具栏中的 按钮，在弹出的列表框中选择"青色"

9 选中 A4:D8 单元格区域，然后单击"格式"工具栏中的 按钮，在弹出的列表框中选择"淡蓝"

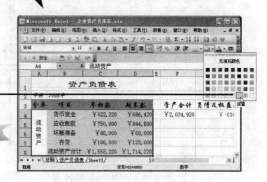

10 选中 A9:D11 单元格区域，然后单击"格式"工具栏中的 按钮，在弹出的列表框中选择"蓝-灰"

11 选中 A12:D15 单元格区域，然后单击"格式"工具栏中的 按钮，在弹出的列表框中选择"灰色-25%"

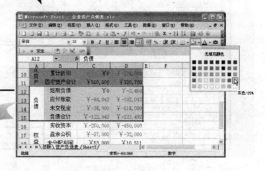

12 选中 A16:D19 单元格区域，然后单击"格式"工具栏中的 按钮，在弹出的列表框中选择"酸橙色"

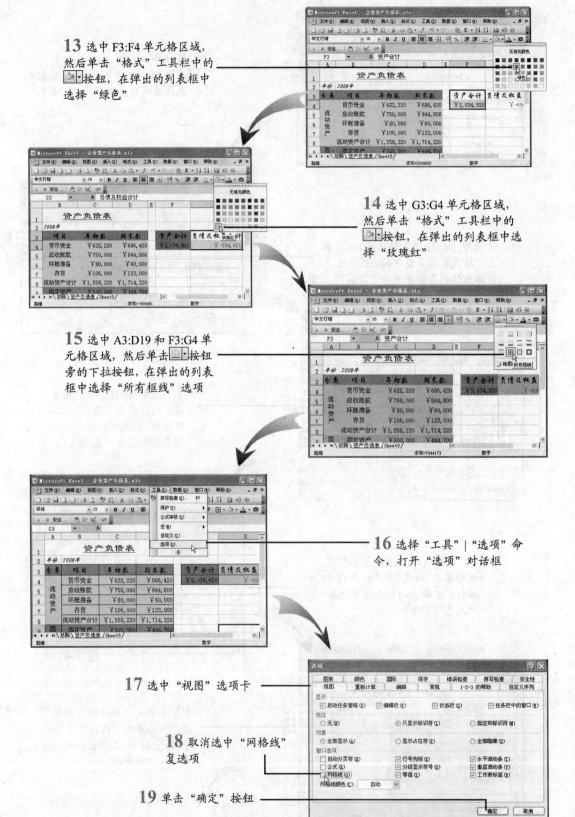

13 选中 F3:F4 单元格区域，然后单击"格式"工具栏中的 按钮，在弹出的列表框中选择"绿色"

14 选中 G3:G4 单元格区域，然后单击"格式"工具栏中的 按钮，在弹出的列表框中选择"玫瑰红"

15 选中 A3:D19 和 F3:G4 单元格区域，然后单击 按钮旁的下拉按钮，在弹出的列表框中选择"所有框线"选项

16 选择"工具"|"选项"命令，打开"选项"对话框

17 选中"视图"选项卡

18 取消选中"网格线"复选项

19 单击"确定"按钮

制作完成后的表格效果

至此，"企业资产负债表"的所有表格都制作完成了。

9.4.7 保护及撤销保护工作表

为了防止其他用户对工作表的内容进行更改，可以通过设置工作表保护来限制其他用户的操作。

下面以"资产负债表"为例来说明怎样保护和撤销保护工作表，具体操作步骤如下。

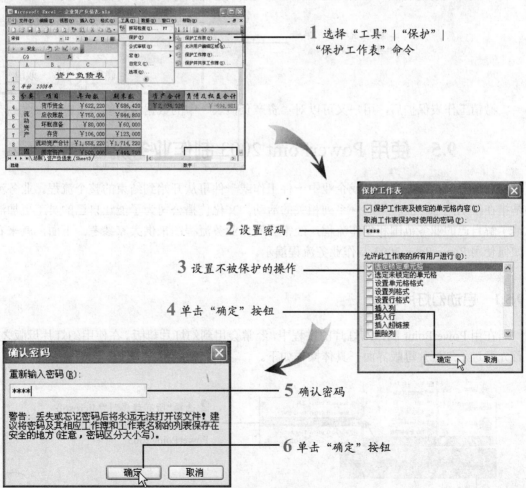

1 选择"工具"|"保护"|"保护工作表"命令

2 设置密码

3 设置不被保护的操作

4 单击"确定"按钮

5 确认密码

6 单击"确定"按钮

设置了工作表保护后，当用户对工作表进行超越权限的操作时，将弹出以下对话框来提示用户该工作表受到保护，必须撤销工作表保护后才能对表格进行编辑。

撤销工作表保护的具体操作步骤如下。

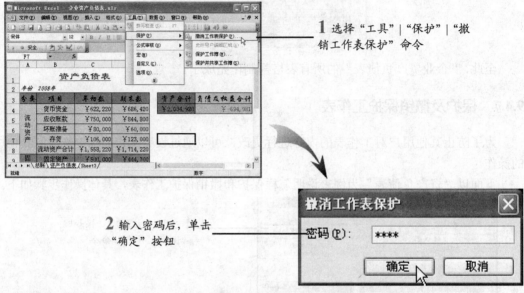

1 选择"工具"|"保护"|"撤销工作表保护"命令

2 输入密码后，单击"确定"按钮

撤销工作表保护后，用户又可以对"资产负债表"中的数据进行编辑了。

9.5 使用 PowerPoint 2003 制作业务流程演示

业务流程是指政府机关或企业中一件工作或一件事从开始到结束的整个流程。业务流程是指在组织内部"流转"的一系列相关的活动。文化传播公司为了能让自己的员工更加清晰地了解自己的业务范围和操作流程，经常会制作业务流程图来供大家参考。下面，就来看看如何使用 PowerPoint 2003 制作业务流程演示。

9.5.1 启动幻灯片母版

在用 PowerPoint 制作幻灯片的过程中，经常会用到幻灯片母版。在使用幻灯片母版之前，首先要进入幻灯片母版界面，具体操作如下。

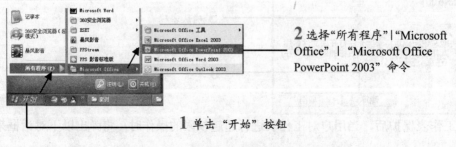

2 选择"所有程序"|"Microsoft Office"|"Microsoft Office PowerPoint 2003"命令

1 单击"开始"按钮

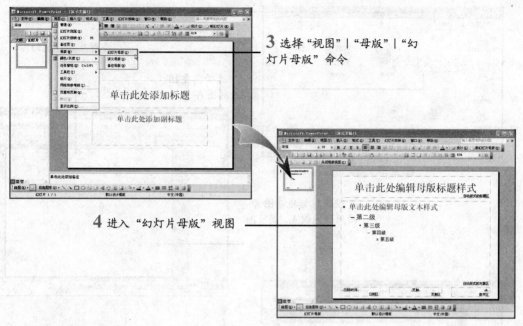

3 选择"视图"|"母版"|"幻灯片母版"命令

4 进入"幻灯片母版"视图

9.5.2 制作通用母版

PowerPoint 的幻灯片母版分为两种形式，即通用母版和标题母版。通用母版是指设置完成的母版效果在整个幻灯片中都存在，而标题母版则只在幻灯片首页存在。下面，就先来看看如何制作幻灯片通用母版，具体操作步骤如下。

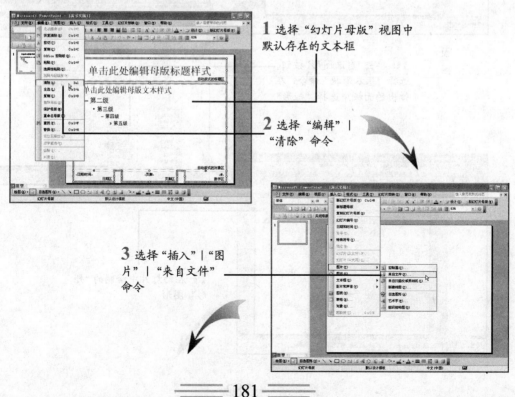

1 选择"幻灯片母版"视图中默认存在的文本框

2 选择"编辑"|"清除"命令

3 选择"插入"|"图片"|"来自文件"命令

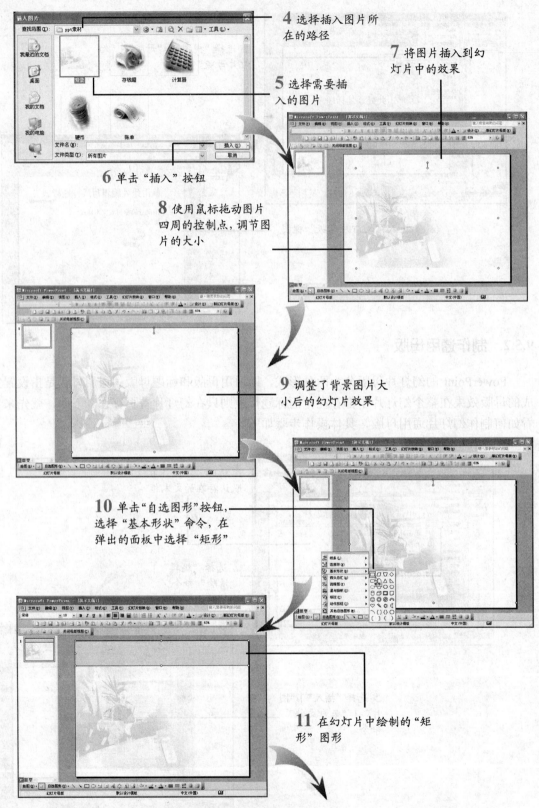

4 选择插入图片所在的路径

5 选择需要插入的图片

7 将图片插入到幻灯片中的效果

6 单击"插入"按钮

8 使用鼠标拖动图片四周的控制点,调节图片的大小

9 调整了背景图片大小后的幻灯片效果

10 单击"自选图形"按钮,选择"基本形状"命令,在弹出的面板中选择"矩形"

11 在幻灯片中绘制的"矩形"图形

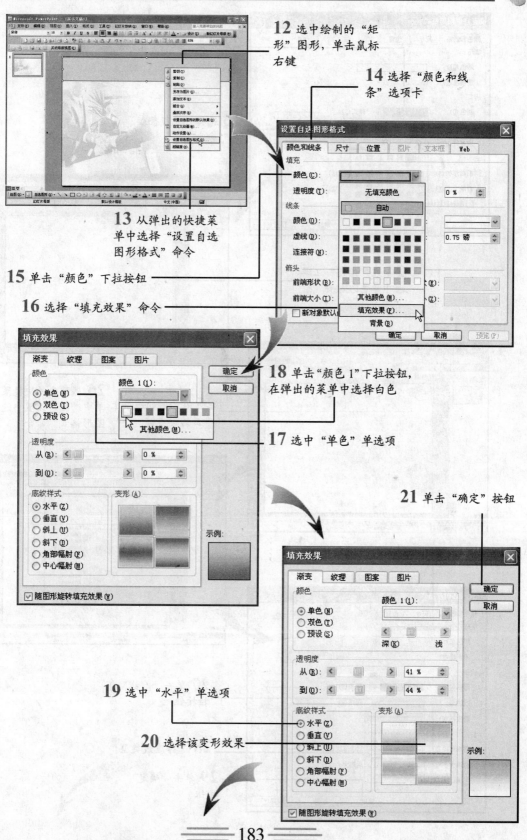

12 选中绘制的"矩形"图形，单击鼠标右键

14 选择"颜色和线条"选项卡

13 从弹出的快捷菜单中选择"设置自选图形格式"命令

15 单击"颜色"下拉按钮

16 选择"填充效果"命令

18 单击"颜色1"下拉按钮，在弹出的菜单中选择白色

17 选中"单色"单选项

21 单击"确定"按钮

19 选中"水平"单选项

20 选择该变形效果

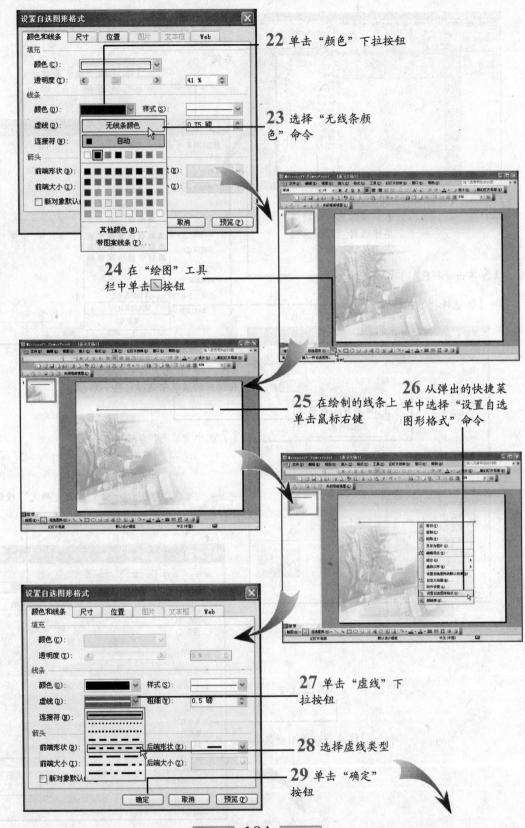

22 单击"颜色"下拉按钮

23 选择"无线条颜色"命令

24 在"绘图"工具栏中单击☐按钮

25 在绘制的线条上单击鼠标右键

26 从弹出的快捷菜单中选择"设置自选图形格式"命令

27 单击"虚线"下拉按钮

28 选择虚线类型

29 单击"确定"按钮

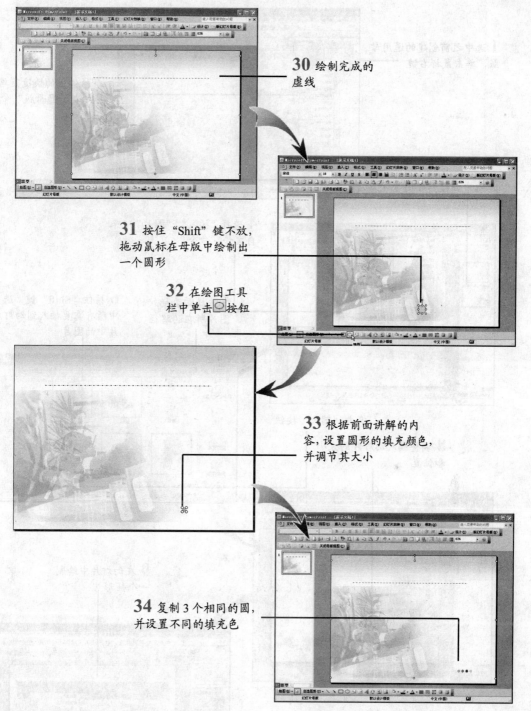

30 绘制完成的虚线

31 按住 "Shift" 键不放，拖动鼠标在母版中绘制出一个圆形

32 在绘图工具栏中单击○按钮

33 根据前面讲解的内容，设置圆形的填充颜色，并调节其大小

34 复制 3 个相同的圆，并设置不同的填充色

9.5.3 制作标题母版

一组幻灯片中，首页的内容样式与其他幻灯片中的内容样式一般都不会相同，这样看起来更有层次感和针对性。下面，就来看看如何设置与通用母版不同的标题母版，具体操作步骤如下。

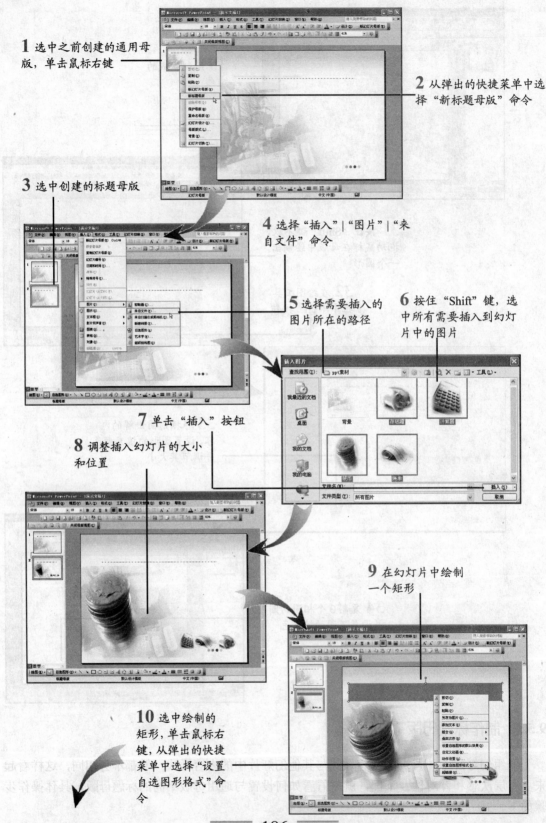

1 选中之前创建的通用母版，单击鼠标右键

2 从弹出的快捷菜单中选择"新标题母版"命令

3 选中创建的标题母版

4 选择"插入"|"图片"|"来自文件"命令

5 选择需要插入的图片所在的路径

6 按住"Shift"键，选中所有需要插入到幻灯片中的图片

7 单击"插入"按钮

8 调整插入幻灯片的大小和位置

9 在幻灯片中绘制一个矩形

10 选中绘制的矩形，单击鼠标右键，从弹出的快捷菜单中选择"设置自选图形格式"命令

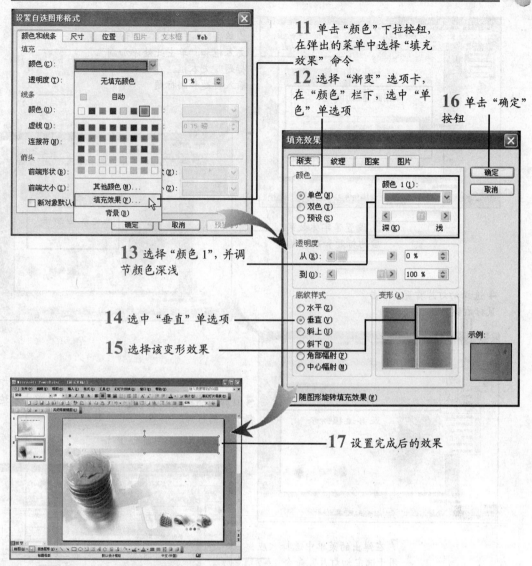

11 单击"颜色"下拉按钮，在弹出的菜单中选择"填充效果"命令

12 选择"渐变"选项卡，在"颜色"栏下，选中"单色"单选项

16 单击"确定"按钮

13 选择"颜色1"，并调节颜色深浅

14 选中"垂直"单选项

15 选择该变形效果

17 设置完成后的效果

9.5.4 设置幻灯片内容

完成了幻灯片母版的设置之后，就可以直接在幻灯片中添加文字、图片以及声像等内容。

1 单击"关闭母版视图"按钮，退出幻灯片母版视图

◆ 在菜单栏中选择"视图"｜"母版"｜"幻灯片母版"命令，将"幻灯片母版"命令前的勾取消，也可以退出幻灯片母版视图。

经验交流

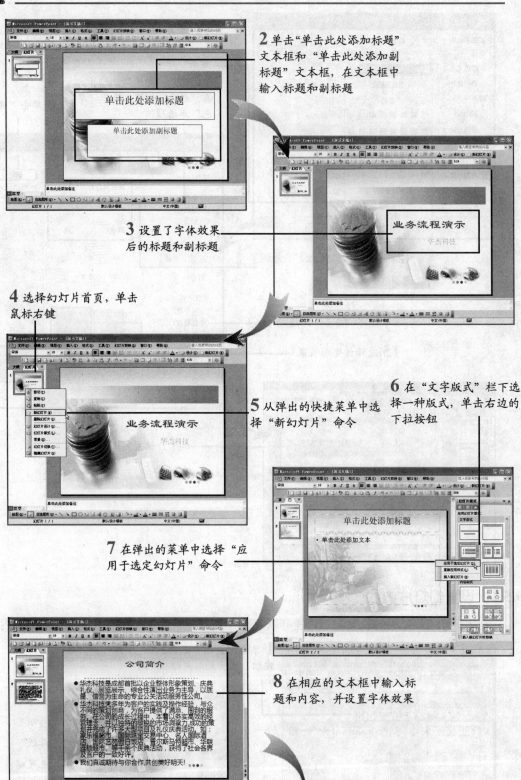

2 单击"单击此处添加标题"文本框和"单击此处添加副标题"文本框，在文本框中输入标题和副标题

3 设置了字体效果后的标题和副标题

4 选择幻灯片首页，单击鼠标右键

5 从弹出的快捷菜单中选择"新幻灯片"命令

6 在"文字版式"栏下选择一种版式，单击右边的下拉按钮

7 在弹出的菜单中选择"应用于选定幻灯片"命令

8 在相应的文本框中输入标题和内容，并设置字体效果

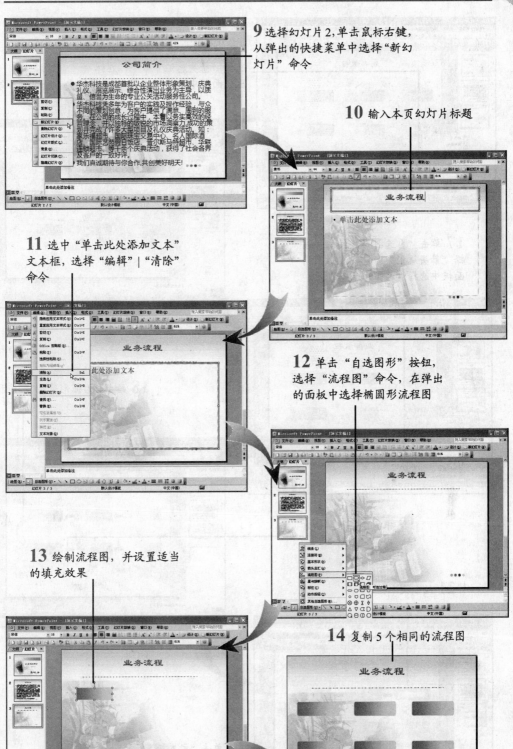

9 选择幻灯片2,单击鼠标右键,从弹出的快捷菜单中选择"新幻灯片"命令

10 输入本页幻灯片标题

11 选中"单击此处添加文本"文本框,选择"编辑"|"清除"命令

12 单击"自选图形"按钮,选择"流程图"命令,在弹出的面板中选择椭圆形流程图

13 绘制流程图,并设置适当的填充效果

14 复制5个相同的流程图

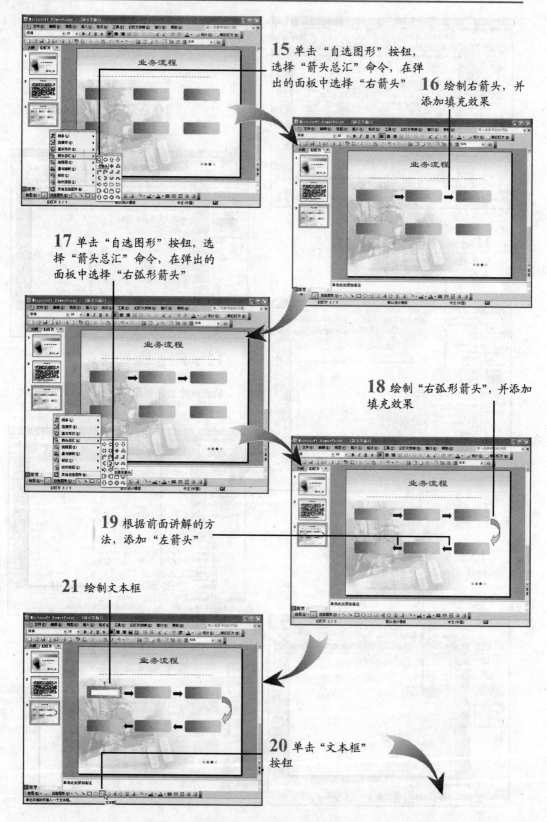

15 单击"自选图形"按钮，选择"箭头总汇"命令，在弹出的面板中选择"右箭头"

16 绘制右箭头，并添加填充效果

17 单击"自选图形"按钮，选择"箭头总汇"命令，在弹出的面板中选择"右弧形箭头"

18 绘制"右弧形箭头"，并添加填充效果

19 根据前面讲解的方法，添加"左箭头"

21 绘制文本框

20 单击"文本框"按钮

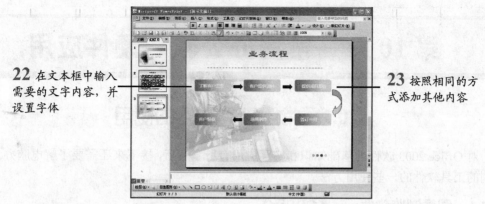

22 在文本框中输入需要的文字内容，并设置字体

23 按照相同的方式添加其他内容

9.5.5 保存幻灯片

幻灯片制作完成后，需要妥善的保存以方便后面的使用，保存幻灯片的操作如下。

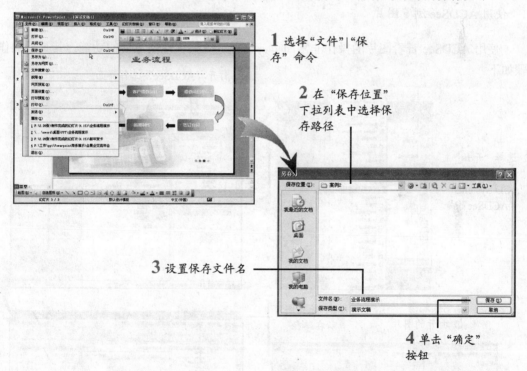

1 选择"文件"|"保存"命令

2 在"保存位置"下拉列表中选择保存路径

3 设置保存文件名

4 单击"确定"按钮

第10章 常用办公软、硬件应用

10.1 常用工具软件的使用

对 Office 2003 软件的基础知识和实际应用有所了解后，接下来还需要了解电脑办公中常用到的工具软件的一些使用方法。

10.1.1 图像浏览软件——ACDSee

ACDSee 是一款专业的图像浏览软件，其功能非常强大，支持绝大多数图形文件格式的浏览，是现在最流行的图形浏览工具软件之一，下面就来介绍该软件的一些常用操作。

1. 使用 ACDSee 浏览图片

使用 ACDSee 查看图片的操作非常简单，这也是此款软件最主要的功能，其具体操作步骤如下。

1 选择"开始"|"所有程序"|"ACD Systems"|"ACDSee"命令

2 打开"ACDSee"工作界面

3 选择图片所在路径

4 双击需要打开的图片

5 打开的图片

2.　轻松设置桌面墙纸

使用 ACDSee 可方便地将喜爱的图片设置为 Windows 桌面墙纸，具体操作步骤如下。

1 打开需要设置为墙纸（背景）的图片　　**2** 在图片上单击鼠标右键　　**3** 选择快捷菜单中的"壁纸"|"平铺"命令

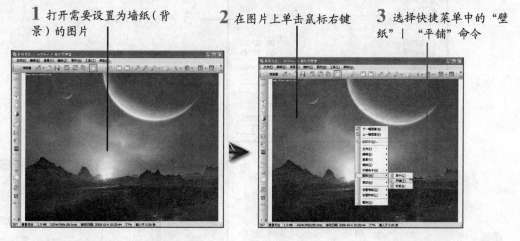

10.1.2　解压缩软件——WinRAR

WinRAR 软件提供了对最流行的 RAR 和 ZIP 文件的完整支持，能解压 ACE、ARJ 等多种格式的文件。该软件压缩率很高，且资源占用相对较少，还具有固定压缩、多媒体压缩和多卷自释放压缩等功能。

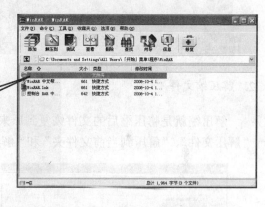

WinRAR 软件操作界面

1.　压缩文件

使用 WinRAR 对文件进行压缩和解压缩操作时，使用快捷菜单（鼠标右键菜单）最为方便，下面就来看看如何通过快捷菜单对文件进行压缩，具体操作步骤如下。

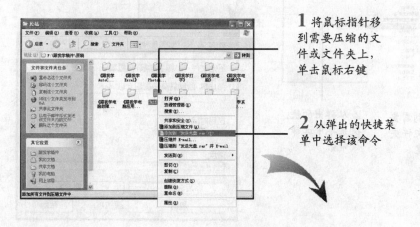

1 将鼠标指针移到需要压缩的文件或文件夹上，单击鼠标右键

2 从弹出的快捷菜单中选择该命令

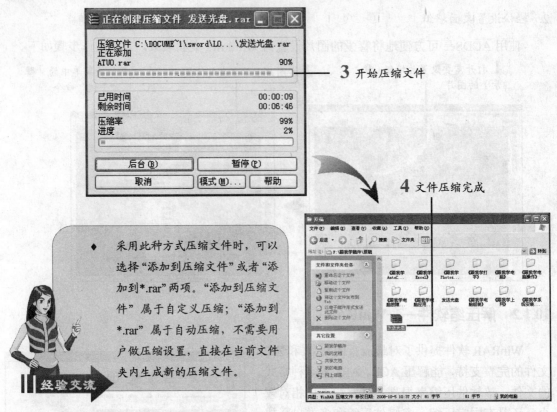

3 开始压缩文件

4 文件压缩完成

◆ 采用此种方式压缩文件时，可以选择"添加到压缩文件"或者"添加到*.rar"两项。"添加到压缩文件"属于自定义压缩；"添加到*.rar"属于自动压缩，不需要用户做压缩设置，直接在当前文件夹内生成新的压缩文件。

经验交流

2. 解压缩文件

解压缩就是将压缩后的文件恢复到原来的样子，WinRAR 提供了 3 种解压缩方式，包括"解压文件"、"解压到当前文件夹"和"解压到*\"，下面以"解压到*\"方式为例进行介绍。

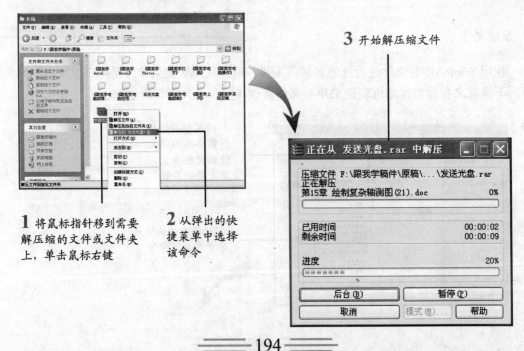

3 开始解压缩文件

1 将鼠标指针移到需要解压缩的文件或文件夹上，单击鼠标右键

2 从弹出的快捷菜单中选择该命令

10.1.3   翻译软件——谷歌金山词霸

谷歌金山词霸是金山公司与谷歌公司合作推出的词典软件，该软件全面支持中、日、英三语查询，有查句、取词、全文翻译、查词、网页翻译等功能，是一款非常适合个人用户使用的免费翻译软件。

1. 谷歌金山词霸的特点

谷歌金山词霸是金山词霸的网络版本，任何人都可以从网络上下载并使用该软件，该软件具有以下特点。

❖ 网络词典收录大量的新词、流行词

由爱词霸百万词友共建的《爱词霸百科词典》和《Google 网络词典》收录大量的新词、流行词，内容紧跟时代。

❖ 全文、网页（多语言）在线翻译

使用领先的网络引擎，在丰富语料库基础上结合强大的翻译技术，使得全文翻译和网页在线翻译结果准确。

❖ 80 万生活情景例句

80 万生活情景例句，直接输入句子或关键字（词）就可以找到所有相关联的句型和用法，举一反三，使您学到更多。

❖ 聊天、邮件、PDF 即指即译

领先的屏幕词取技术，新增译中译功能，可选任意的单词或词组，支持 Windows Vista 操作系统，并支持 PDF 文档格式取词。

❖ 30 万纯正真人语音

30 万纯正真人语音，含英语中 5 万长词、难词和词组，帮您纠正英文单词发音。

2. 翻译单词

安装好谷歌金山词霸之后，使用谷歌金山词霸翻译单词的具体操作方法如下。

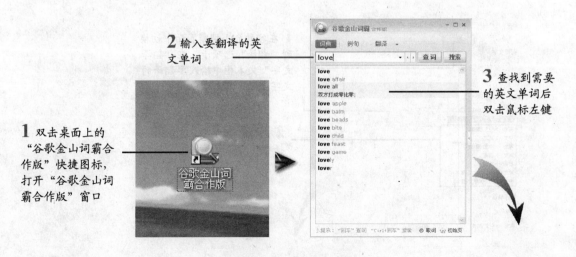

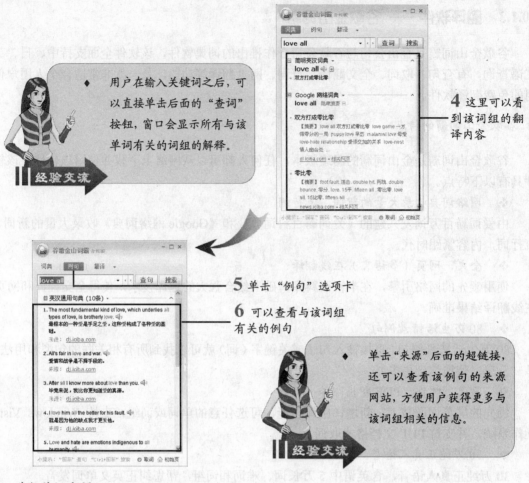

◆ 用户在输入关键词之后，可以直接单击后面的"查词"按钮，窗口会显示所有与该单词有关的词组的解释。

经验交流

4 这里可以看到该词组的翻译内容

5 单击"例句"选项卡

6 可以查看与该词组有关的例句

◆ 单击"来源"后面的超链接，还可以查看该例句的来源网站，方便用户获得更多与该词组相关的信息。

经验交流

3. 进行英汉翻译

使用谷歌金山词霸还可以在英汉、英日之间进行双向翻译，同时用户还可直接翻译网页内容，其具体操作步骤如下。

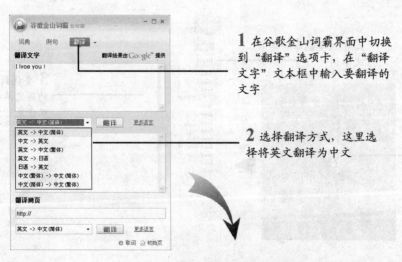

1 在谷歌金山词霸界面中切换到"翻译"选项卡，在"翻译文字"文本框中输入要翻译的文字

2 选择翻译方式，这里选择将英文翻译为中文

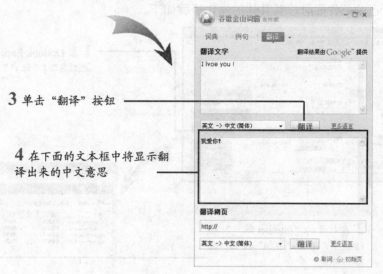

3 单击 "翻译" 按钮

4 在下面的文本框中将显示翻译出来的中文意思

4. 翻译网页

使用谷歌金山词霸还可以对整个网页进行翻译，具体操作步骤如下。

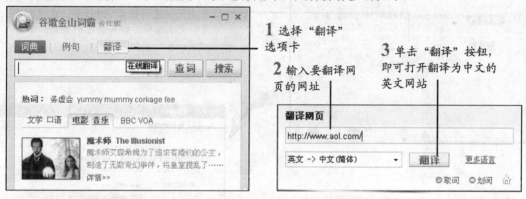

1 选择 "翻译" 选项卡

2 输入要翻译网页的网址

3 单击 "翻译" 按钮，即可打开翻译为中文的英文网站

10.1.4　电子邮件收发软件——Outlook Express

Outlook Express 是随 Windows XP 操作系统内置的一款电子邮件客户端管理软件，它可以帮助用户更好地管理电子邮件。

下面，我们就以内置于 Windows XP 系统中的 Outlook Express 6.0 为例，对 Outlook Express 的功能进行全面介绍。

1. 设置电子邮件账户

在使用 Outlook Express 之前，用户需要设置电子邮件账号，以便建立与邮件服务器的连接。对于邮件账号，需要清楚所使用的邮件服务器类型（POP3、IMAP 或 HTTP）、账号名和密码、接收邮件服务器的名称、POP3 和 IMAP 所用的发送邮件服务器名称等，这些信息可以从 ISP 或网络管理员那里得到。

在 Outlook Express 中，为用户提供了专门的连接向导程序，用户根据向导可以很容易地设置自己的邮件账号，其具体的操作步骤如下。

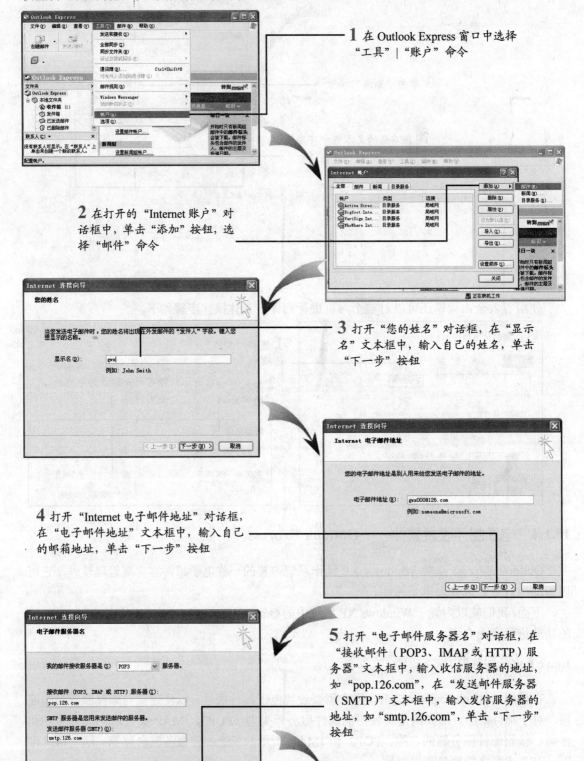

1 在 Outlook Express 窗口中选择"工具" | "账户"命令

2 在打开的"Internet 账户"对话框中，单击"添加"按钮，选择"邮件"命令

3 打开"您的姓名"对话框，在"显示名"文本框中，输入自己的姓名，单击"下一步"按钮

4 打开"Internet 电子邮件地址"对话框，在"电子邮件地址"文本框中，输入自己的邮箱地址，单击"下一步"按钮

5 打开"电子邮件服务器名"对话框，在"接收邮件（POP3、IMAP 或 HTTP）服务器"文本框中，输入收信服务器的地址，如"pop.126.com"，在"发送邮件服务器（SMTP）"文本框中，输入发信服务器的地址，如"smtp.126.com"，单击"下一步"按钮

6 打开"Internet Mail 登录"对话框，在"账户名"文本框中，输入自己的邮箱账户，在"密码"文本框中，输入邮箱密码，单击"下一步"按钮

7 在打开的"祝贺您"对话框中，单击"完成"按钮

8 在返回的"Internet 账户"对话框中将显示新添加的邮件账户，选中该账户，单击"属性"按钮

9 在打开的"pop.126.com 属性"对话框中，切换到"服务器"选项卡，在"发送邮件服务器"栏中，选中"我的服务器要求身份验证"复选项

10 切换到"高级"选项卡，在"传送"栏中选中"在服务器上保留邮件副本"复选项，单击"确定"按钮

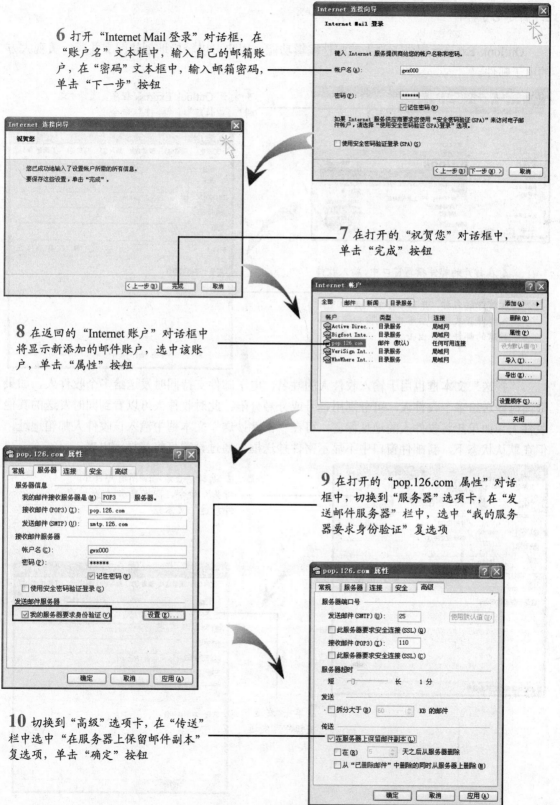

2. 新建电子邮件

　　Outlook Express 提供了强大的邮件编辑功能，用户可以轻松地创建图文并茂、美观大方的电子邮件。

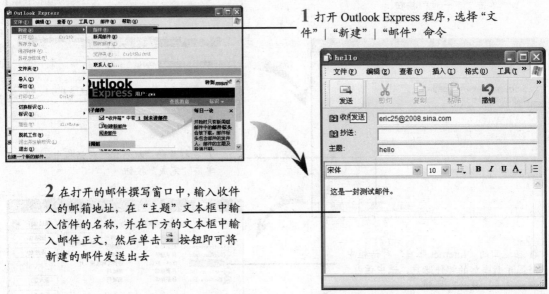

1 打开 Outlook Express 程序，选择"文件"|"新建"|"邮件"命令

2 在打开的邮件撰写窗口中，输入收件人的邮箱地址，在"主题"文本框中输入信件的名称，并在下方的文本框中输入邮件正文，然后单击 按钮即可将新建的邮件发送出去

　　"抄送"文本框也用于输入收件人的姓名，电子邮件支持同时发送给多个收件人，如果要同时抄送给多个收件人，可分别用逗号或分号分隔。此时收件人可以看到同时发送的其他收件人。如果想将收件人的地址保密，可在"密件抄送"文本框中输入该收件人邮箱地址，但在默认状态下，新邮件窗口中不显示密件抄送框，通过设置可将其显示出来。

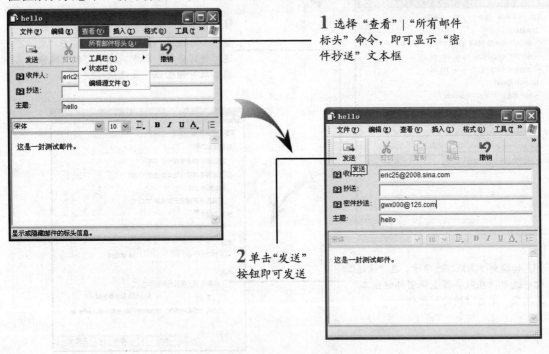

1 选择"查看"|"所有邮件标头"命令，即可显示"密件抄送"文本框

2 单击"发送"按钮即可发送

3. 发送电子邮件

在发送电子邮件之前，用户可以对邮件进行核查和设置，以便邮件能够正确发送并方便收件人阅读。

（1）在发送邮件前检查收件人名称

如果用户记不住某个联系人的电子邮件地址，可以输入一部分名称，再选择"工具" | "检查姓名"命令。

选择该命令后，程序会自动匹配收件人，如果结果唯一，即会自动添加收件人

Outlook Express 首先搜索用户的通迅簿，如果未找到匹配项，再搜索已经设置的目录服务。如果要设置目录服务器，可进行如下操作。

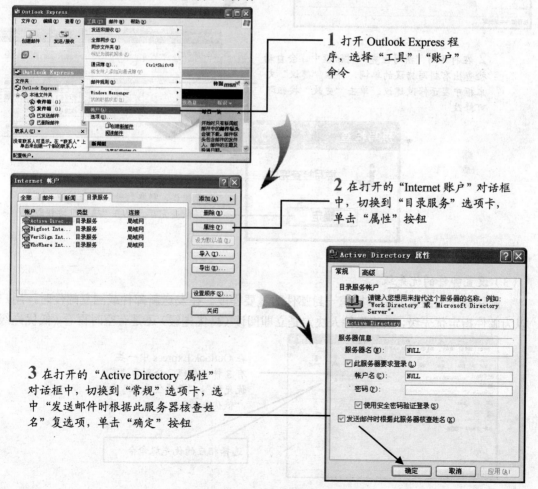

1 打开 Outlook Express 程序，选择"工具" | "账户"命令

2 在打开的"Internet 账户"对话框中，切换到"目录服务"选项卡，单击"属性"按钮

3 在打开的"Active Directory 属性"对话框中，切换到"常规"选项卡，选中"发送邮件时根据此服务器核查姓名"复选项，单击"确定"按钮

用户在邮件中检查收件人姓名时，应注意以下方面的问题。

❖ 如果通讯簿有与之匹配的联系人或通讯组，就会在该姓名下面出现一条下划线；如果没有相匹配的联系人或通讯组，则出现一个"检查名称"对话框，提示"未找到匹配的项目"。

❖ 如果用户要查看联系人列表，单击"显示其他名称"按钮，即可打开联系人列表供用户查找；如果要添加新的联系人，可单击"新联系人"按钮。

（2）检查邮件中的拼写错误

Outlook Express 使用的是 Microsoft Word、Microsoft Excel 等 Office 程序中所提供的拼写检查程序，如果用户安装了上述任何一种程序，就可完成拼写错误的检查，其具体操作步骤如下。

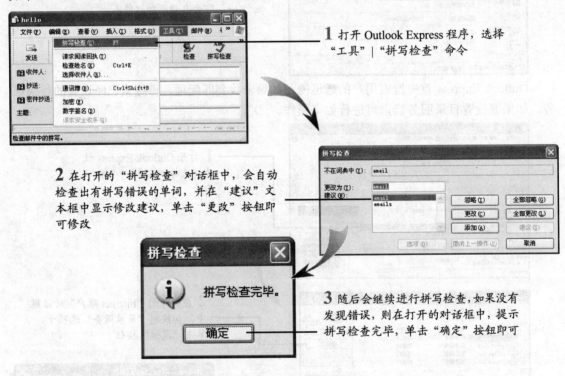

1 打开 Outlook Express 程序，选择"工具"|"拼写检查"命令

2 在打开的"拼写检查"对话框中，会自动检查出有拼写错误的单词，并在"建议"文本框中显示修改建议，单击"更改"按钮即可修改

3 随后会继续进行拼写检查，如果没有发现错误，则在打开的对话框中，提示拼写检查完毕，单击"确定"按钮即可

（3）设置邮件的优先级

邮件的优先级主要用来标识一封邮件的重要程度。在发送新邮件或回复邮件时，用户可以为邮件指定优先级，以使收件人决定是立即阅读（高优先级）还是有空时再看（低优先级）。

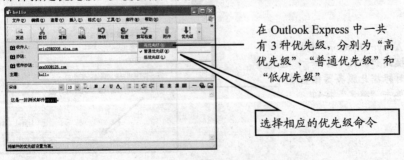

在 Outlook Express 中一共有 3 种优先级，分别为"高优先级"、"普通优先级"和"低优先级"

选择相应的优先级命令

❖　如果将优先级设置为高，将有红色的惊叹号提醒收件人注意。

❖　如果将优先级设置为低，则表示这只是一封普通邮件。

4. 阅读和处理邮件

Outlook Express 提供了强大的邮件管理工具，可以对收件箱中的邮件进行有序的管理，以提高工作效率。为了有效地利用联机时间，可以使用 Outlook Express 来查找邮件，自动将接收到的邮件分类放入不同的文件夹中，将邮件保存在邮件服务器上或者彻底地删除邮件。

（1）接收邮件

Outlook Express 将会根据用户所建立的账号，建立与相应服务器的连接，并从邮件服务器上下载所收到的新邮件。

单击 发送/接收 按钮即可自动登录到服务器，查收并下载所有邮箱中的邮件，同时也将待发邮件全部发送。单击 发送/接收 按钮旁边的三角按钮，则会弹出扩展菜单，用户可选择接收全部邮件，也可选择发送全部邮件，同时还可以检查并接收具体邮箱中的邮件情况

（2）阅读邮件

由于 Outlook Express 能够脱机阅读，邮件下载完成后，即可在单独的窗口或预览窗格中阅读邮件。

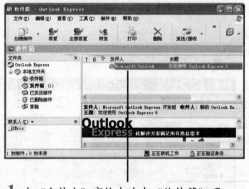

1 在"文件夹"窗格中选中"收件箱"项目，则会在右侧的窗格中显示收件箱中所有收到的邮件，单击其中的邮件主题则会在下方窗格中显示邮件内容

2 双击该邮件则会打开独立的窗口显示邮件

（3）查询属性和保存邮件

如果用户需要查看有关邮件的所有信息，并希望将其保存起来，可按如下步骤操作。

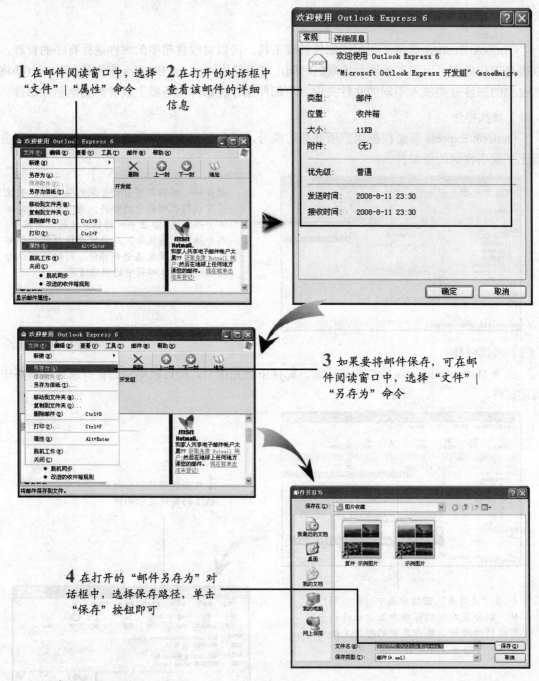

1 在邮件阅读窗口中，选择 "文件" | "属性" 命令

2 在打开的对话框中查看该邮件的详细信息

3 如果要将邮件保存，可在邮件阅读窗口中，选择 "文件" | "另存为" 命令

4 在打开的 "邮件另存为" 对话框中，选择保存路径，单击 "保存" 按钮即可

（4）答复和转发邮件

收到一封邮件后，可以向该邮件的发件人发出答复，也可以将答复发送给该邮件的 "收件人" 和 "抄送" 文本框中的全部收件人。对于含有公众事宜的邮件，如果需要，还可以转发给其他有关的人员。

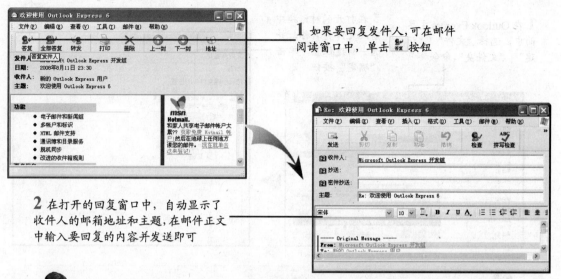

1 如果要回复发件人,可在邮件阅读窗口中,单击 按钮

2 在打开的回复窗口中,自动显示了收件人的邮箱地址和主题,在邮件正文中输入要回复的内容并发送即可

◆ 答复邮件时,在正文区中的原件顶部键入文字即可。如果用户需要答复全部发件人、收件人以及抄送的联系人,则要单击工具栏上的"全部答复"按钮。回复邮件时,会以原始邮件的语言编码来发送。

一点就透

（5）删除邮件

对于一些没有保存价值的邮件,可将其删除。这样,不但有利于"收件箱"的管理,还可以减少对硬盘空间的占用。

删除邮件的方法很简单,只要在邮件列表中选择一封邮件,再单击工具栏上的 按钮即可。而如果要恢复已删除的邮件,只需将邮件拖回到收件箱或其他文件夹中即可。

若要在退出 Outlook Express 时,将"已删除邮件"文件夹中的邮件清除,其方法如下。

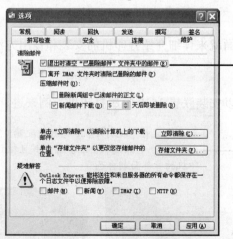

在 Outlook Express 主界面中,选择"工具"|"选项"命令,打开"选项"对话框,切换到"维护"选项卡,选中"退出时清空'已删除邮件'文件夹中的邮件"复选项,单击"确定"按钮

在 Outlook Express 中,用户还可根据需要,添加新的邮件文件夹,分类存放收到的邮件,如果要添加文件夹,可按如下方法进行。

1 在 Outlook Express 主界面中，选择"文件"|"新建"|"文件夹"命令

2 在打开的对话框中输入文件夹名称，并选中新建位置，单击"确定"按钮

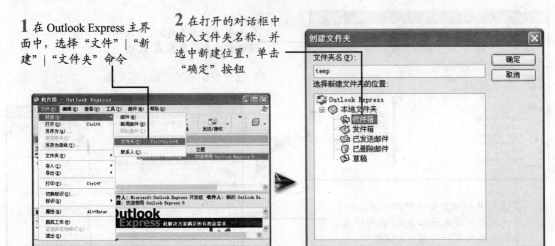

◆ 创建一个文件夹后，如果要删除它，可以在文件夹列表中选定该文件夹，然后选择"文件"|"文件夹"|"删除"命令。此外，还可以对创建的文件夹进行重命名和移动操作。

◆ 用户只能对自己创建的文件夹进行删除、重命名和移动操作，而对于内置的"收件箱"、"发件箱"、"已发送邮件"或"草稿"等文件夹就不能进行此类操作。

经验交流

10.2 常用办公硬件的安装与使用

为了实现自动化办公，可在电脑上连接一些外部办公设备。目前，可在电脑上连接的外部办公设备主要有打印机、传真机、扫描仪和投影仪等，下面讲解它们的安装及使用方法。

10.2.1 打印机的安装与使用

打印机常用来输出文字、图片等资料，下面就来详细介绍打印机的安装和使用方法。

1. 安装打印机

不同品牌的打印机安装方法也不同，下面以安装联想 3510 喷墨打印机为例来进行讲解。

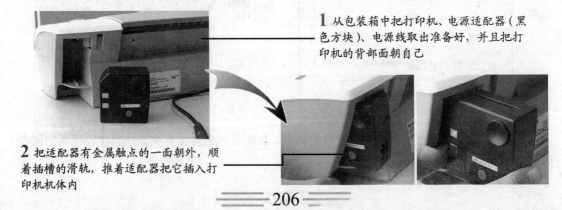

1 从包装箱中把打印机、电源适配器（黑色方块）、电源线取出准备好，并且把打印机的背部面朝自己

2 把适配器有金属触点的一面朝外，顺着插槽的滑轨，推着适配器把它插入打印机机体内

3 适配器放入插槽后，把电源线的一端插入适配器

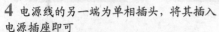

4 电源线的另一端为单相插头，将其插入电源插座即可

5 为了测试电源是否连接好，按下打印机的电源开关，之后电源灯就由暗色变成绿色，说明电源连接没有问题

6 把手放在灰色盖板和白色机身交界、lenovo 标志上方的凸起处，掀开上进纸挡板

7 把手指放在白色机盖下方的凹陷处，可轻轻挑起机仓盖。这时双色墨盒车自动从机仓右端的隐藏处滑到机仓中央，等待安放墨盒

8 食指紧按上部凹陷处，大拇指用力向外抠，墨盒车上盖自然而然就打开了

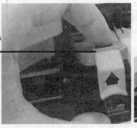

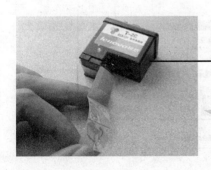

9 墨盒车盖打开后就可以装墨盒了。在把该墨盒放入墨盒车之前，一定要把封装条撕掉，然后再将墨盒放入

10 把墨盒放入墨盒车，然后手指用力压一下，再盖墨盒车的上盖，当听见"咔"的一声响，说明安装到位了

11 接下来则是打印线的连接，首先连接打印机，把打印线的方头插入打印机机身背面的接口处

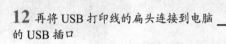

12 再将 USB 打印线的扁头连接到电脑的 USB 插口

13 打印机处于开启状态，USB 打印线连接好后，在电脑显示屏的右下角就会出现"发现新硬件"的提示，说明打印机的 USB 打印线没有问题

14 弹出"硬件更新向导"对话框，提示需要安装驱动程序

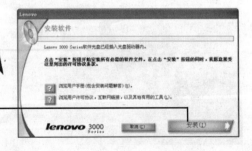

15 把随机配带的驱动安装盘放入光驱中，经过一段自动安装后，弹出如下安装向导界面，单击"安装"按钮

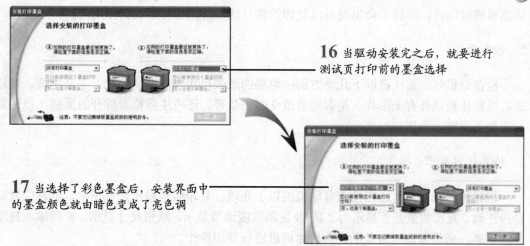

16 当驱动安装完之后，就要进行测试页打印前的墨盒选择

17 当选择了彩色墨盒后，安装界面中的墨盒颜色就由暗色变成了亮色调

最后把打印纸放入打印机的进纸处，进行测试页的打印。测试页打印成功后，打印机驱动程序的安装全部结束。

2. 使用打印机

打印机安装好后，只需单击应用软件工具栏上的"🖨"按钮，即可按系统默认设置进行打印，下面以打印 Word 文档为例，讲解如何应用打印机打印文档。

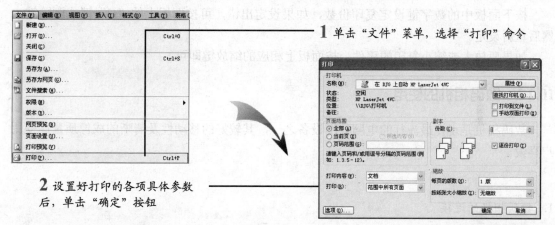

1 单击"文件"菜单，选择"打印"命令

2 设置好打印的各项具体参数后，单击"确定"按钮

10.2.2 复印机的使用

复印机也是一种常用的办公自动化设备，使用复印机复印文稿可以节省大量的办公时间，提高办公效率。下面介绍正确使用复印机的方法。

1. 预热

复印机需预热到一定时间后机器才能启动。按下电源开关，开始预热，面板上应有指示灯显示，并出现等待信号，当

达到预热时间后，面板上会出现可以复印的信号或以音频信号形式告知用户。

2. 检查原稿

检查原稿时，需注意以下几个方面：原稿的纸张尺寸、质地、颜色、字迹色调、装订方式、原稿张数以及有无图片、是否需要改变曝光量等。还应注意检查拆开的原稿，以免复印时出现不平整的阴影。

3. 检查机器显示

机器预热完毕后，还应检查复印机的以下几项：复印信号显示是否正常、纸盒位置显示是否正确、复印数量是否显示为"1"及复印浓度调节显示、纸张尺寸显示、密码输入提示是否都正确，必须保证一切显示正常后才可以进行复印操作。

4. 放置原稿

按照放稿台中刻度板的指示及当前使用纸盒的尺寸和方向放好原稿。在复印有顺序的原稿时，应从最后一页开始，这样复印出来的稿件顺序才是正确的，否则就是颠倒的。

5. 设定复印份数和倍率

按下面板中的数字键设定复印份数，如果设定出错，可按面板上的"C"键或删除键，然后重新设定。

如果要放大或缩小复印的稿件，按面板上相应的缩放键即可。

10.2.3 数码相机的使用

数码相机是现在最流行的电脑外围设备之一，其较好的移动性及清晰的成像质量广受用户喜爱。

1. 数码相机的连接

当数码相机与电脑连接好之后，就相当于一个活动硬盘，其工作原理与活动硬盘是一样的，因此其连接方式也就大同小异。数码相机普遍采用的是 USB 接口，使用其附带的连接线分别连接数码相机及电脑主机即可（不需要安装驱动程序即可开始使用）。

2. 将数码相机中的图片导入电脑

用数码相机拍摄好照片后，需要将数码照片输入到电脑中进行处理。在导入照片到电脑中之前，应先准备好数码相机、数据线和电脑，主要是使用数据线将电脑与数码相机连接到一起。

通常，大部分数码相机都备有专用连接线和软件，尤其是通过 USB 接口进行连接和传输照片的数码相机。

例如 SANYO Mz3 相机，在电脑上安装了指定的驱动程序（Windows 2000 以上版本的操作系统无需驱动）后，只需通过 USB 连接线将它们连接起来，电脑就会自动地将数码相机识别为可移动磁盘，然后读取并复制其中的图像文件。

在购买数码相机之前，应当先了解自己的电脑具有哪些接口，再挑选合适的数码相机。如果购买的数码相机接口和电脑不匹配，那么传输数据将相当麻烦。

第 11 章　Office 2003 常用操作技巧

11.1　Word 2003 常用操作技巧

Word 是 Microsoft Office 办公软件中的文档编辑工具，功能强大，使用范围相当广泛。作为目前主流的文档编辑软件，熟悉和掌握一些 Word 的操作方法和技巧是非常有必要的。下面就向读者介绍 Word 的基本操作方法及一些文档的操作技巧。

11.1.1　Word 的启动与退出

启动 Word 的方法有很多种，下面讲解几种常用的启动方法。

❖　鼠标左键双击桌面上的 "Microsoft Office Word" 快捷图标。

❖　单击 "开始" 按钮，选择 "所有程序" | "Microsoft Office Word" 命令。

❖　鼠标右键单击桌面上的 "Microsoft Office Word" 快捷图标，在弹出的快捷菜单中选择 "打开" 命令。

下面讲解几种常用的 Word 的退出方法。

❖　选择 "文件" | "退出" 命令。

❖　单击 Word 软件最右上角的 "关闭" 按钮⊠。

❖　按下 "Alt + F4" 组合键。

11.1.2　同时打开多个 Word 文档

有时为了对多个文档进行同时编辑，就需要在 Word 中同时打开多个文档文件。

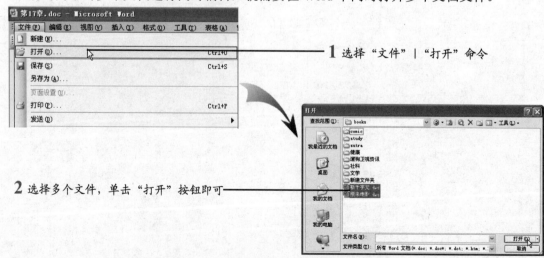

1 选择 "文件" | "打开" 命令

2 选择多个文件，单击 "打开" 按钮即可

11.1.3 插入带圈数字

在 Word 文档内容的录入中，如要录入如"①、②、③……"等样式的带圈数字，可按以下方法进行操作。

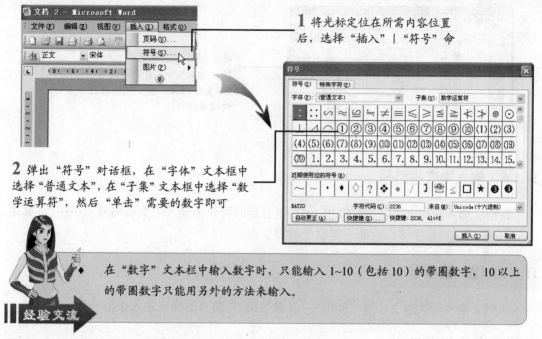

1 将光标定位在所需内容位置后，选择"插入"|"符号"命令

2 弹出"符号"对话框，在"字体"文本框中选择"普通文本"，在"子集"文本框中选择"数学运算符"，然后"单击"需要的数字即可

◆ 在"数字"文本栏中输入数字时，只能输入 1~10（包括 10）的带圈数字，10 以上的带圈数字只能用另外的方法来输入。

经验交流

11.1.4 插入超过 10 的带圈数字

上面所讲的技巧只能插入 1~10（包括 10）的带圈数字，通过如下方法可插入 10 以上的带圈数字。

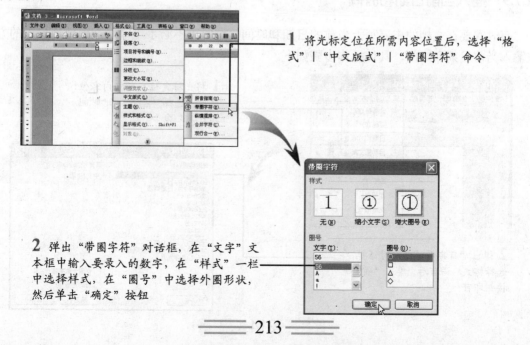

1 将光标定位在所需内容位置后，选择"格式"|"中文版式"|"带圈字符"命令

2 弹出"带圈字符"对话框，在"文字"文本框中输入要录入的数字，在"样式"一栏中选择样式，在"圈号"中选择外圈形状，然后单击"确定"按钮

11.1.5　插入常用短语

Word 为用户提供了许多常用短语，如常用问候语、常用称呼语、常用结束语等，方便用户插入，省去手工输入的麻烦。

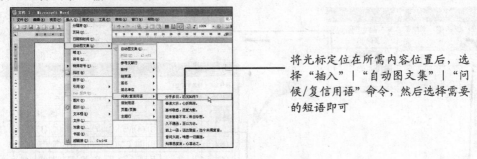

将光标定位在所需内容位置后，选择"插入"|"自动图文集"|"问候/复信用语"命令，然后选择需要的短语即可

11.1.6　输入中文省略号

在中文输入法状态下，按"Shift + 6"组合键即可快速输入中文省略号"……"。其中，"6"是主键区的数字键，而非小键盘上的数字键。

11.1.7　输入破折号

在中文输入法状态下，按"Shift + −（减号键）"组合键即可输入破折号"——"。

11.1.8　输入书名号

在中文输入法状态下，按"Shift +<"和"Shift +>"组合键即可输入书名号"《"和"》"。

11.1.9　插入当前日期和时间

有时需要在文档的末尾写上当前的日期和时间，这时可不必手工输入，而使用插入的方法输入当前日期和时间，具体操作步骤如下。

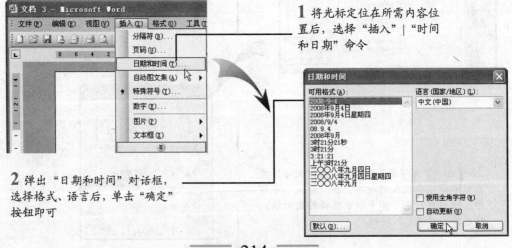

1 将光标定位在所需内容位置后，选择"插入"|"时间和日期"命令

2 弹出"日期和时间"对话框，选择格式、语言后，单击"确定"按钮即可

◆ 插入日期和时间，是在文档中插入当前系统的日期和时间，因此，要确保系统日期时间与当前实际日期和时间一致。

11.1.10 快速输入上下标字符

在录入文档时，有时需要录入 M^2、X^2 等上标样式的字符，或者需要录入 O_2、b_3 等下标样式的字符，可按以下方法进行输入。

选择需要设置为上标的相应字符，单击工具栏右边的 按钮，选择"添加/删除按钮"命令，再指向"格式"命令，在显示的下拉列表按钮中单击"上标"或"下标"命令即可

11.1.11 制作表格斜线表头

通常在表格的最左上角第一个单元格中需要输入指向行、列的表头标题内容，以便对数据项进行分类，其操作步骤如下。

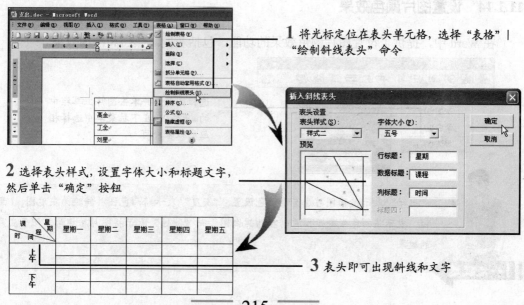

1 将光标定位在表头单元格，选择"表格" | "绘制斜线表头"命令

2 选择表头样式，设置字体大小和标题文字，然后单击"确定"按钮

3 表头即可出现斜线和文字

11.1.12 在多页表格中打印相同表格标题

当用户创建了一张多页表格，如员工通信录、员工档案表等，如果在打印这些表格时，希望每一页都打印相同的一个表格标题，那么可以通过"标题行重复"命令来达到这个效果。

设置方法很简单，只需选择第一页表格的标题行，然后选择"表格"|"标题行重复"命令即可。

11.1.13 裁剪图片不需要的部分

在 Word 文档中，当选择图片后，在 Word 窗口中会自动显示出图片工具栏，使用工具栏上的"裁剪"按钮即可对图片进行裁剪，将不需要的部分去掉，具体操作步骤如下。

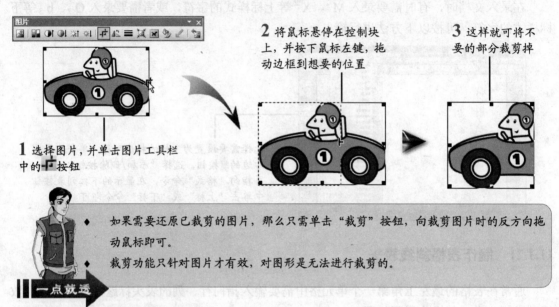

2 将鼠标悬停在控制块上，并按下鼠标左键，拖动边框到想要的位置

3 这样就可将不要的部分裁剪掉

1 选择图片，并单击图片工具栏中的 按钮

◆ 如果需要还原已裁剪的图片，那么只需单击"裁剪"按钮，向裁剪图片时的反方向拖动鼠标即可。

◆ 裁剪功能只针对图片才有效，对图形是无法进行裁剪的。

一点就透

11.1.14 设置图片颜色效果

在 Word 中，提供了设置图片颜色效果的功能，包括灰度、黑白和冲蚀效果。

选择图片，并单击图片工具栏中的 按钮，在下拉菜单中选择相应的效果即可

◆ "自动"表示使用图片原有的颜色设置；"灰度"表示将彩色图片转换为灰度图；"黑白"表示将彩色或灰度图片转换为黑白图；而"冲蚀"表示将图片转换为类似于底片的效果

一点就透

11.1.15 设置图形阴影和三维效果

Word 除了提供对图片的相关处理功能外，还提供了对图形处理的一些艺术效果，如阴影效果、三维效果等。下面介绍设置图形阴影效果的方法，具体操作步骤如下。

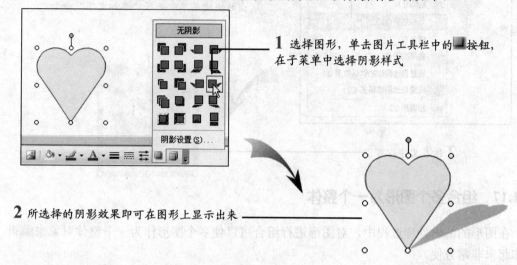

1 选择图形，单击图片工具栏中的■按钮，在子菜单中选择阴影样式

2 所选择的阴影效果即可在图形上显示出来 —————

下面介绍设置图形三维效果的方法，具体操作步骤如下。

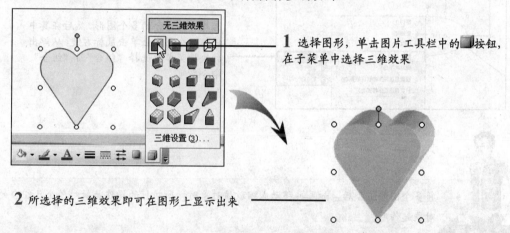

1 选择图形，单击图片工具栏中的■按钮，在子菜单中选择三维效果

2 所选择的三维效果即可在图形上显示出来 —————

◆ 图形的三维效果与阴影效果不能同时使用。当图形有阴影效果后，如果再设置三维效果，那么将会取消图形的阴影效果；当图形有三维效果后，如果再设置阴影效果，那么将会取消图形的三维效果。

一点就透

11.1.16 在图形上录入文字

当绘制好图形后，如果要在图形上输入文字，可按以下步骤操作。

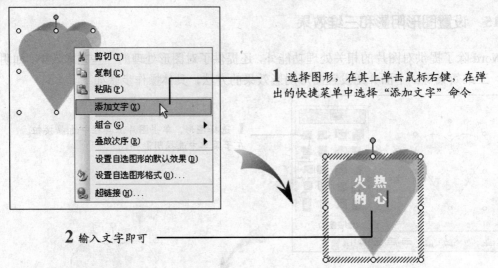

1 选择图形，在其上单击鼠标右键，在弹出的快捷菜单中选择"添加文字"命令

2 输入文字即可

11.1.17 组合多个图形为一个整体

在图形的编辑处理过程中，对图形进行组合可以使多个图形作为一个整体对象来编辑，操作起来非常方便。

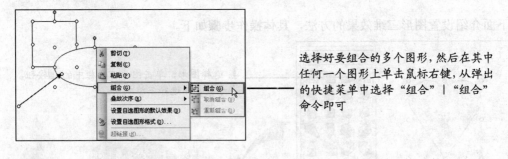

选择好要组合的多个图形，然后在其中任何一个图形上单击鼠标右键，从弹出的快捷菜单中选择"组合"｜"组合"命令即可

◆ 将多个图形组合后，如果再移动或缩放该对象时，所执行的操作是针对整个已组合的对象起作用。

一点就透

将图形组合后，如果又需要对图形进行分开编辑修改，那么就必须取消已组合的图形。取消的方法和组合一样，不过选择的命令为"取消组合"。

11.2 Excel 2003 常用操作技巧

掌握 Excel 2003 的一些常用操作技巧，可以让许多操作更为方便、快捷。下面，就来看看这些技巧的具体操作方法。

11.2.1 在 Excel 2003 中突出显示重复数据

在使用 Excel 2003 管理数据时，用户可以设置将相同的数据突出显示出来。这可以通过使用 Excel 2003 的"条件格式"功能来实现。

突出显示重复数据的操作步骤如下。

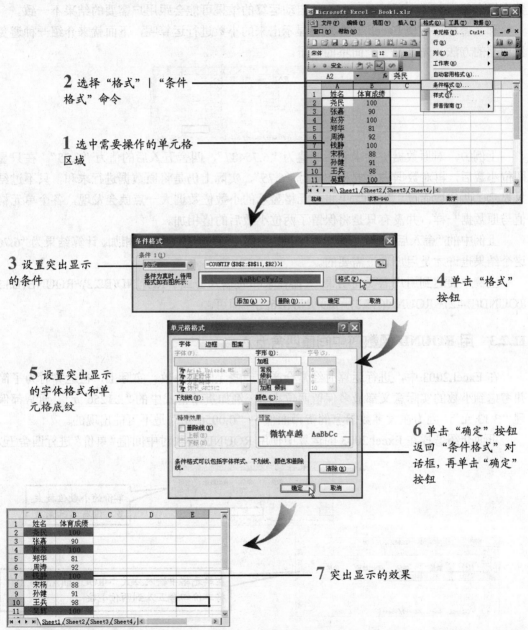

2 选择"格式"|"条件格式"命令

1 选中需要操作的单元格区域

3 设置突出显示的条件

4 单击"格式"按钮

5 设置突出显示的字体格式和单元格底纹

6 单击"确定"按钮返回"条件格式"对话框，再单击"确定"按钮

7 突出显示的效果

上述方法中，条件格式中的公式为"=COUNTIF($B$2:$B$11,$B2)>1"，它的作用是计算单元格区域中重复值的数量。

这样，就将体育成绩为满分的行突出显示了。

11.2.2 解决 Excel 2003 求和产生的误差

Excel 2003 在进行数据运算的时候，会不可避免地产生误差。因为 Excel 2003 中如果设置数值格式中的小数位数为"保留两位小数"，则在单元格中只显示出两位小数，而该单元格中实际数值的小数位数可能不只两位。在计算时，Excel 2003 会将那些并没有显示出来的小数也用来参与运算，所以 Excel 2003 自动运算的结果可能会跟用户需要的结果不一致。

那么怎样才能使 Excel 2003 只将显示出来的小数进行运算呢，下面就来介绍一种避免产生误差的方法。先来看一个简单的例子。

上例中，对原数据进行求和后的值为"6.75487"，四舍五入后的值为"6.75"。在只显示两位小数后，再对数据进行求和，值为"6.75"，实际上仍是将原数据进行求和，只不过结果只显示了两位数而已。用户如果将单元格显示的小数位数调大一点就会发现，各个单元格的值与原数据一样，并没有只是将保留了两位小数后的值相加。

上例中的"舍入后"列中，先对每个值进行了四舍五入，然后再相加，计算结果为"6.76"，这个结果也许才是用户真正需要的。

上例中要达到用户需要的结果，只需在求和时输入公式"=ROUND(B2,2)+ROUND(B3,2)+ROUND(B4,2)+ ROUND(B5,2)+ ROUND(B6,2)"即可。

11.2.3 用 ROUND 函数对中间值四舍五入

在 Excel 2003 中，进行运算时经常会产生一些无限的小数。实际上，在运算时为了简便并考虑到小数的实际意义都最多保留两位小数。例如货币格式中的"3.1256 元"，通常都保留到"3.13 元"，因为在大多数国家的货币面值中"0.0056 元"是不可能出现的。

下面介绍怎样在 Excel 2003 的运算中使用 ROUND 函数对中间值"单价"进行四舍五入。

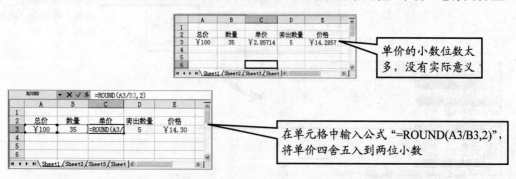

单价的小数位数太多，没有实际意义

在单元格中输入公式"=ROUND(A3/B3,2)"，将单价四舍五入到两位小数

11.2.4 正确设置 Excel 2003 选项来避开误差

在 Excel 2003 中，当数据量很大时，再通过 Round 函数来对数据进行四舍五入以消除误

差就很麻烦了。用户可以通过设置来使 Excel 2003 在运算时只将单元格中显示出来的值进行运算，而不是将单元格中的真实值进行运算。

下面介绍如何设置 Excel 2003 选项来避开误差，具体操作步骤如下。

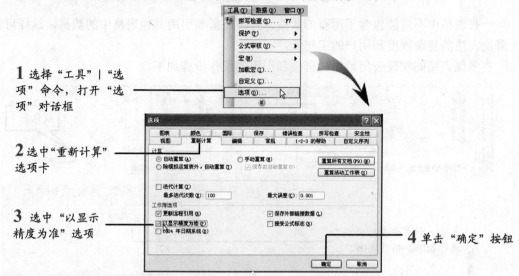

1 选择"工具"|"选项"命令，打开"选项"对话框

2 选中"重新计算"选项卡

3 选中"以显示精度为准"选项

4 单击"确定"按钮

这样，Excel 2003 在计算的时候就只将单元格中显示出来的值进行计算。

11.2.5 用 Excel 2003 帮助选择函数

用户在使用 Excel 2003 中的函数功能遇到困难的时候，可以使用 Excel 2003 的"搜索函数"功能来挑选合适的函数。

用 Excel 2003 帮助选择函数的方法如下。

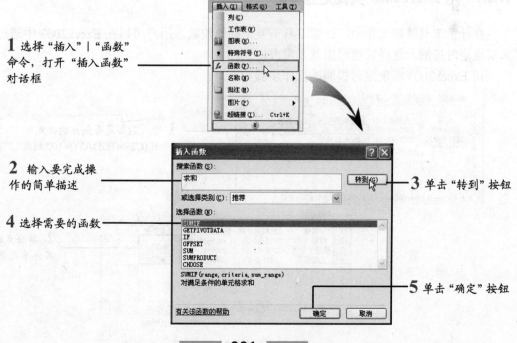

1 选择"插入"|"函数"命令，打开"插入函数"对话框

2 输入要完成操作的简单描述

3 单击"转到"按钮

4 选择需要的函数

5 单击"确定"按钮

这样，用户就可以轻松地找到符合操作要求的函数了。

11.2.6 在多张表格间实现公用数据的链接和引用

一张表格中不可能包含了所有的数据，有时还需要引用其他表格中的数据，这样可以大大降低表格的复杂程度和用户的工作量。

在多张表格间实现公用数据的链接和引用的操作步骤如下。

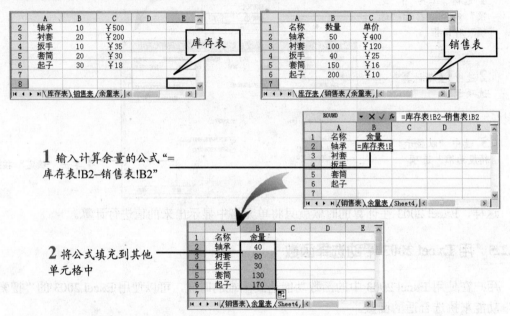

1 输入计算余量的公式"=库存表!B2-销售表!B2"

2 将公式填充到其他单元格中

11.2.7 用 Excel 2003 实现定时提醒

在计量工具管理工作中，计量工具需要定期地校验。用户可以在 Excel 2003 中通过函数来实现定时提醒，这样管理起来就非常方便了。

用 Excel 2003 实现定时提醒的操作步骤如下。

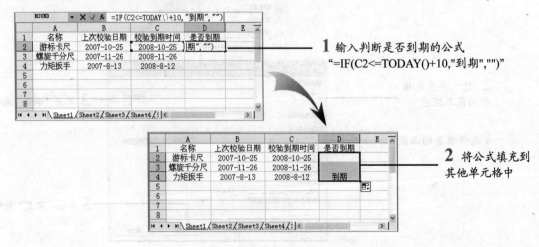

1 输入判断是否到期的公式
"=IF(C2<=TODAY()+10,"到期","")"

2 将公式填充到其他单元格中

上例中，输入的公式"=IF(C2<=TODAY()+10,"到期","")"的作用是在到期时间前 10 天开始提醒用户该工具已到期，应该送去校验了。

11.2.8 让 Excel 2003 的数据随原表的修改而修改

在表格编辑过程中，用户经常会根据一个总表建立很多副表，通常需要当总表中的数据改变时，副表中的数据也要相应改变。通过 Excel 2003 中的 VLOOKUP 函数，用户可以将总表与副表链接起来，从而实现副表的自动修改。

下面就通过实例来说明让 Excel 2003 中的数据随原表的修改而修改的操作方法。

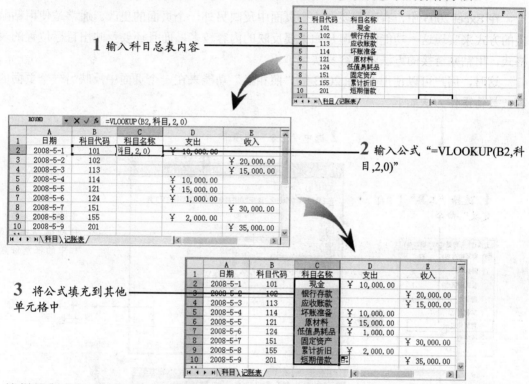

这样就完成了"记账表"中"科目名称"栏与"科目"表中"科目名称"栏的链接，当科目总表中的科目代码与科目名称对应关系变化之后，其他表格中的数据也会随之变化。

11.2.9 在 Excel 2003 中快速计算年龄

在 Excel 2003 中，用户可以利用 DATEDIF()函数来快速计算一个人的年龄，具体操作步骤如下。

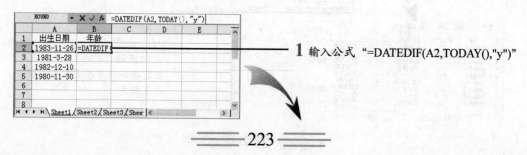

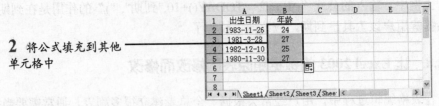

2 将公式填充到其他
单元格中

这样，用户就能快速地计算出一个人的年龄了。

11.2.10　Excel 2003 中"照相机"功能的妙用

在 Excel 2003 中，有时需要在一个页面中反映另外一个页面的更改。通常是使用粘贴链接的方式来实现这一功能的。但是如果要反映的内容较多，而且还要反映出目标位置的表格格式，用粘贴链接的方法就不容易实现了。

这时，用户可以使用 Excel 2003 的"照相机"功能来在一个页面中反映另一个页面的内容，具体操作方法如下。

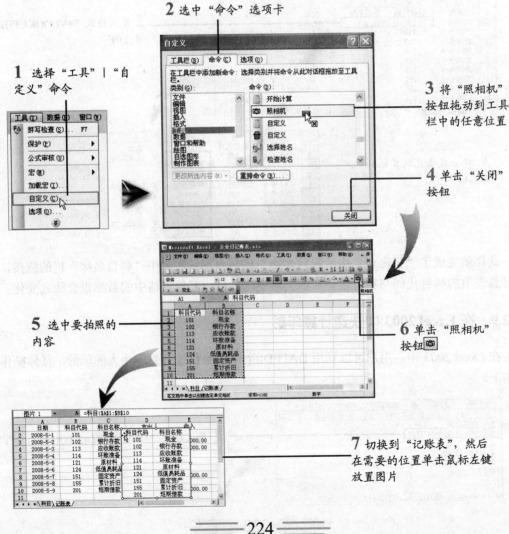

2 选中"命令"选项卡

1 选择"工具"|"自
定义"命令

3 将"照相机"
按钮拖动到工具
栏中的任意位置

4 单击"关闭"
按钮

5 选中要拍照的
内容

6 单击"照相机"
按钮

7 切换到"记账表"，然后
在需要的位置单击鼠标左键
放置图片

11.2.11 设置坐标轴格式

Excel 2003 中，会有很多图表，这些图表的坐标轴格式都是程序预设的，用户可以通过以下步骤来重新设置坐标轴的格式。

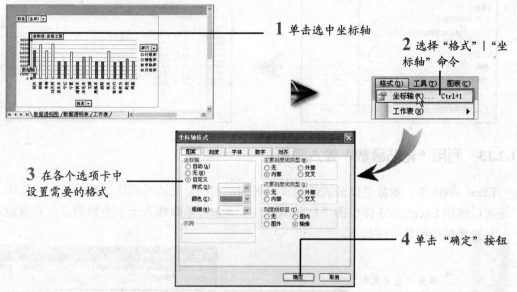

坐标轴格式的设置方法就是这样，在这里就不再对具体的操作进行详细讲述了，用户可以在实践中进一步体会。

11.2.12 将表格发布成网页

Excel 2003 可以将用户制作的表格发布成网页的形式以达到共同浏览的目的，将表格发布成网页的具体操作步骤如下。

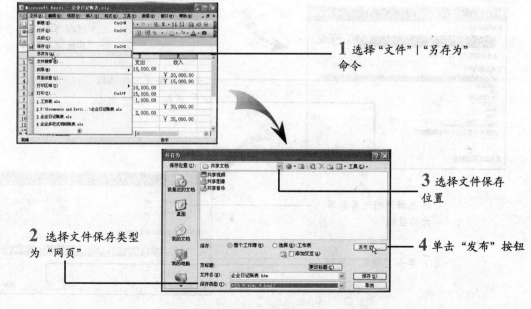

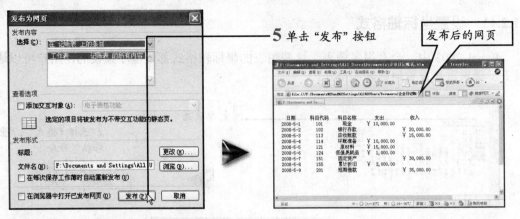

5 单击"发布"按钮

发布后的网页

11.2.13 利用"粘贴函数"输入函数

Excel 2003 中，函数是以公式的形式出现的，也以公式的形式进行编辑输入。此外，用户还可以使用 Excel 2003 提供的"粘贴函数"工具来将函数作为一个单独的操作对象输入。粘贴函数的操作步骤如下。

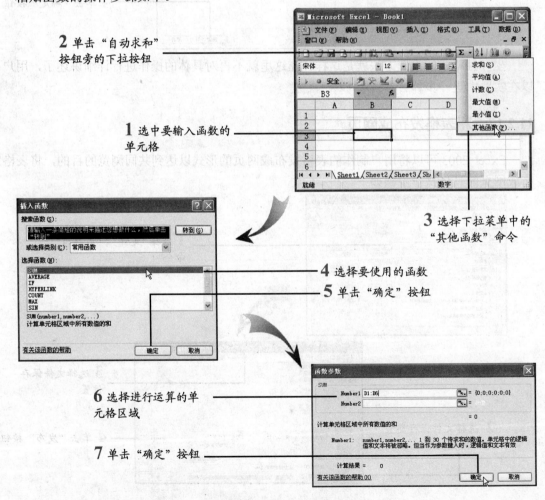

2 单击"自动求和"按钮旁的下拉按钮

1 选中要输入函数的单元格

3 选择下拉菜单中的"其他函数"命令

4 选择要使用的函数

5 单击"确定"按钮

6 选择进行运算的单元格区域

7 单击"确定"按钮

11.2.14 在多个单元格中输入同一个公式

有时需要在多个单元格中输入同一个公式，通常的做法是先在一个单元格输入公式后再将该公式复制到其他单元格中。那么有没有一次性将公式输入这些单元格中的方法呢？

下面就来介绍一下怎样在多个单元格中同时输入同一个公式。

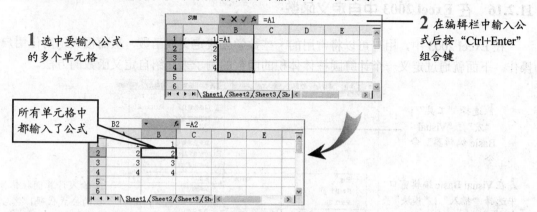

1 选中要输入公式的多个单元格

2 在编辑栏中输入公式后按 "Ctrl+Enter" 组合键

所有单元格中都输入了公式

使用该方法输入的公式与使用填充功能输入的公式效果一样。

11.2.15 利用函数将学生姓和名分在不同的列中

Excel 2003 中，用户可以利用函数来将姓名中的姓和名分别显示在不同的列中，具体操作步骤如下。

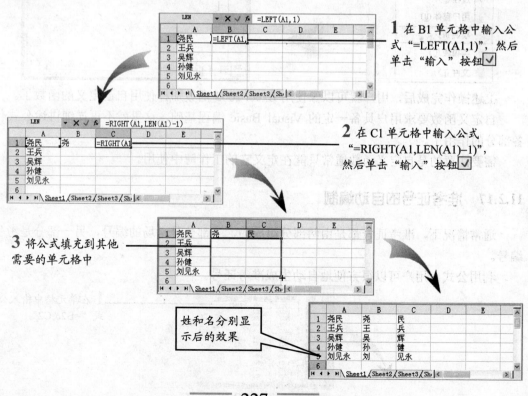

1 在 B1 单元格中输入公式 "=LEFT(A1,1)"，然后单击 "输入" 按钮☑

2 在 C1 单元格中输入公式 "=RIGHT(A1,LEN(A1)−1)"，然后单击 "输入" 按钮☑

3 将公式填充到其他需要的单元格中

姓和名分别显示后的效果

其中公式"=LEFT(A1,1)"的作用是返回A1单元格中字符串左起的第1个字符,即是"姓",公式"=RIGHT(A1,LEN(A1)−1)"的作用是返回A1单元格中字符串除左起第1个字符外的其他字符,即是"名"。本例中只考虑了单姓的情况,如果有复姓,需要用户单独将其公式修改为"=LEFT(A1,2)"和"=RIGHT(A1,LEN(A1)−2)"。

11.2.16　在 Excel 2003 中自定义函数

在 Excel 2003 中,用户可以将常用的一些数学公式定义成函数,从而极大地简化用户的操作。下面就通过定义一个计算圆柱体体积的函数的例子来介绍自定义函数的方法。

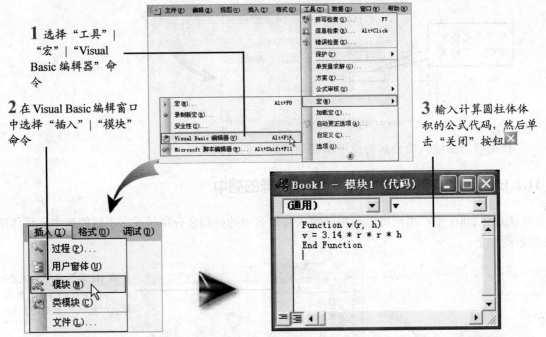

1 选择"工具"|"宏"|"Visual Basic 编辑器"命令

2 在 Visual Basic 编辑窗口中选择"插入"|"模块"命令

3 输入计算圆柱体体积的公式代码,然后单击"关闭"按钮

```
Function v(r, h)
v = 3.14 * r * r * h
End Function
```

上述操作完成后,用户就可以像使用 Excel 2003 函数那样使用自己定义的函数了。

自定义函数要求用户具备一定的 Visual Basic 编程基础,这里就不再详细讲述公式代码各部分的作用了。

需要注意的是自定义函数通常只能在定义它的工作簿中使用。

11.2.17　准考证号的自动编制

通常情况下,准考证号都是由两部分组成的,一部分是考场的编号,另一部分是考生的编号。

利用公式,用户可以很方便地自动生成准考证号。

1 在单元格中输入公式"=B2&C2"

这样，每个考生的准考证号都编制好了。

11.2.18 快速统计学生考试成绩分布情况

每次考试过后，总要统计一下各分数段的学生分布情况。利用 Excel 2003 中的 "FRE-QUENCY" 函数，用户可以快速地得出统计结果。

下面就来介绍一下利用 "FREQUENCY" 函数统计各分数段的学生分布情况的操作步骤。

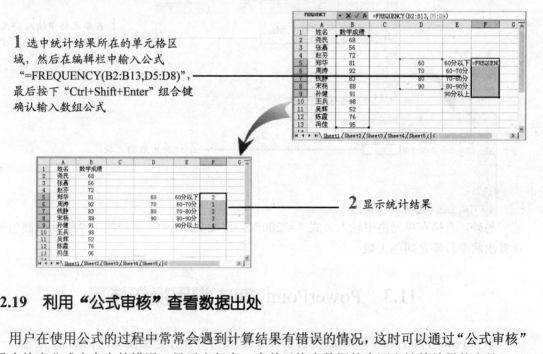

11.2.19 利用 "公式审核" 查看数据出处

用户在使用公式的过程中常常会遇到计算结果有错误的情况，这时可以通过 "公式审核" 工具来检查公式中存在的错误，显示出任意一个单元格中数据的来源和计算结果的出处。

利用 "公式审核" 查看数据出处的操作步骤如下。

3 箭头显示出数据的来源和计算结果的出处

11.2.20 用 Excel 2003 快速计算天数差

在工作中，用户经常会遇到计算时间周期的问题。通过在 Excel 2003 中使用公式，用户可以快速地计算出两个日期之间的天数。用 Excel 2003 计算天数的步骤如下。

1 在单元格中输入公式 "=DATEDIF(A3,B3,"d")"，然后按下"Enter"键

2 计算出来的天数

另外，直接在单元格中输入公式 "="2008-8-8"-"2008-6-9"" 然后按下"Enter"键也可以计算出两个日期之间的天数。

11.3 PowerPoint 2003 常用操作技巧

掌握 PowerPoint 2003 常用操作技巧，可以让幻灯片制作更加快速。下面，就来看看一些比较实用的操作技巧。

11.3.1 快速更改文字的大小和样式

在制作幻灯片中，有时需要对字体做出多种效果，如果每次都要执行"格式"|"字体"命令，显得很麻烦，可以使用快捷键来完成。

在演示文稿中，选中需要调整字体的文字，按一下组合键就可以进行调整了。

❖   "Ctrl+]"组合键：可以快速地按比例放大文字。
❖   "Ctrl+["组合键：可以快速地按比例缩小文字。
❖   "Ctrl+B"组合键：加粗字体。

- ❖ "Ctrl+U"组合键：为字体加下划线。
- ❖ "Ctrl+I"组合键：将字体变为斜体。

11.3.2 在幻灯片播放时添加文字

在 PowerPoint 中播放演示文稿时，用户可能想临时在其中添加一些文字做说明，可以使用下面的技巧。

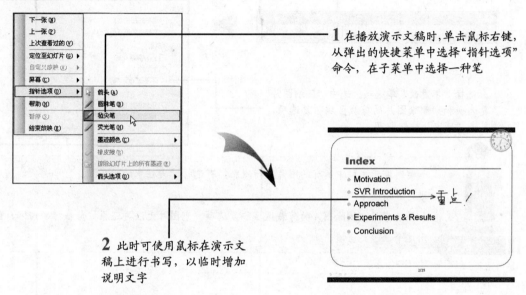

1 在播放演示文稿时，单击鼠标右键，从弹出的快捷菜单中选择"指针选项"命令，在子菜单中选择一种笔

2 此时可使用鼠标在演示文稿上进行书写，以临时增加说明文字

11.3.3 自动更新日期和时间

如果想让演示文稿中的日期和时间随系统自动更新，可按照以下方法操作。

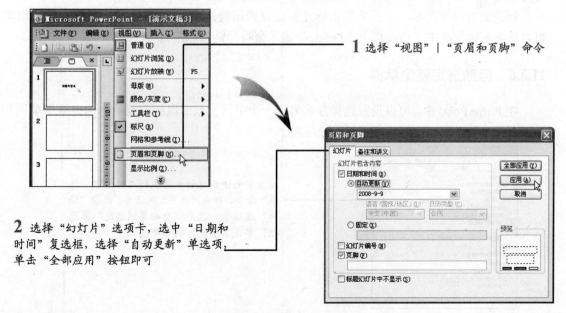

1 选择"视图"｜"页眉和页脚"命令

2 选择"幻灯片"选项卡，选中"日期和时间"复选框，选择"自动更新"单选项，单击"全部应用"按钮即可

11.3.4 给插入的图片减肥

为了使 PowerPoint 幻灯片更生动，常常需要在幻灯片中插入图片，可是这样往往导致文件太大。使用 PowerPoint 提供的"减肥"功能可以缩小图片的容量，但又不损失画质。

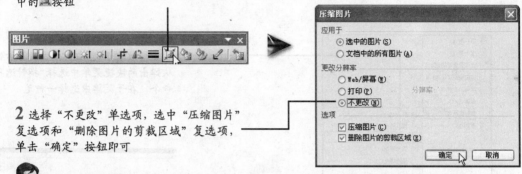

1 选择要压缩的图片，单击图片工具栏中的 ⬛ 按钮

2 选择"不更改"单选项，选中"压缩图片"复选项和"删除图片的剪裁区域"复选项，单击"确定"按钮即可

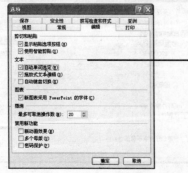

◆ 如要对演示文稿中所有的图片进行减肥，可选择"文档中的所有图片"单选项，然后进行压缩即可。

◆ 如果选中了"删除图片的剪裁区域"复选项，则图片无法再还原被剪裁掉的内容，使用这个选项要谨慎。

11.3.5 快速选定超链接文本

想要选中带有超链接的文本，一般的方法是用鼠标进行拖动，但经常会拖过头，或者没有完全选中。

解决的方法很简单，只需要将鼠标光标定位到超链接文本的前面，按下"Delete"键即可自动将超链接选中（再次按下"Delete"键才会将超链接删除）。

11.3.6 自动选定整个单词

在 PowerPoint 中，可以设置选择方式为在一个单词上双击鼠标左键就能选定整个单词和单词后的空格，而不必用鼠标拖过每个字符。

按照前面讲解过的方法执行"工具"|"选项"命令，弹出"选项"对话框。选择"编辑"选项卡，选中"自动单词选定"复选框，单击"确定"按钮即可

11.3.7　让复杂的文本对齐

在 PowerPoint 中使用表格，可以很容易地使复杂文本对齐，在文本以多种形式表示时更是如此。

插入表格后，将边框色和填充色设置为背景颜色，就能达到既不影响美观，又能对齐文本的效果，具体操作步骤如下。

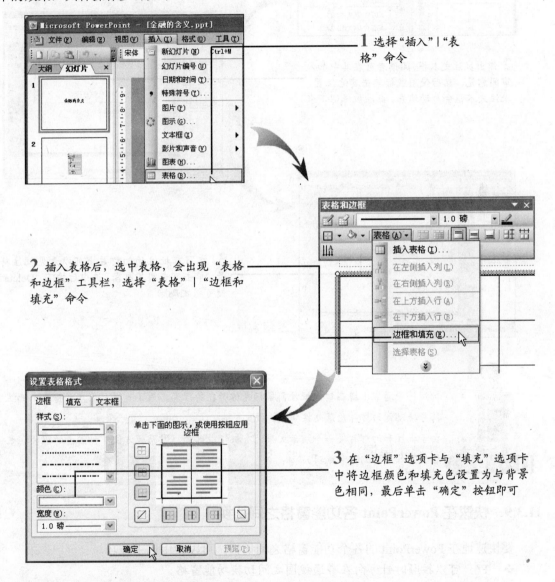

1 选择"插入"|"表格"命令

2 插入表格后，选中表格，会出现"表格和边框"工具栏，选择"表格"|"边框和填充"命令

3 在"边框"选项卡与"填充"选项卡中将边框颜色和填充色设置为与背景色相同，最后单击"确定"按钮即可

11.3.8　使用"批注"进行交流

在多人使用的演示文稿中，常常有不同的意见需要交流，使用"批注"功能可以使交流变得更加轻松，具体操作步骤如下。

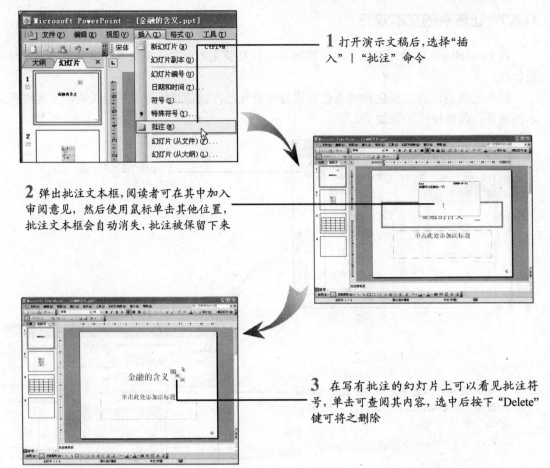

1 打开演示文稿后，选择"插入"｜"批注"命令

2 弹出批注文本框，阅读者可在其中加入审阅意见，然后使用鼠标单击其他位置，批注文本框会自动消失，批注被保留下来

3 在写有批注的幻灯片上可以看见批注符号，单击可查阅其内容，选中后按下"Delete"键可将之删除

◆ 批注符号通常出现在输入批注前鼠标光标所在的位置，为了美观，用户可将多个批注符号拖动到幻灯片角落处按顺序排放。

◆ 由于批注和幻灯片是一个演示文稿的有机组成部分，因而既方便了批注者的审阅，也方便了作者的浏览和编辑。

一点就透

11.3.9 快速在 PowerPoint 各功能窗格之间切换

要快速地在 PowerPoint 的各个功能窗格之间切换，可以使用以下技巧。

❖ F6：可以按顺时针方向在普通视图之间切换功能窗格。

❖ Shift+F6：可以按逆时针方向在普通视图之间切换功能窗格。

❖ Ctrl+Shift+Tab：在普通视图中"大纲与幻灯片"预览栏的"幻灯片"和"大纲"选项卡之间切换。

11.3.10 利用保存选项缩小文件体积

每次保存时，PowerPoint 的"快速保存"功能都在文件末尾增加本次的更改情况，这样就使文件存储了大量的修改信息。其实，可以通过关闭"快速保存"功能，不保存这些信息。

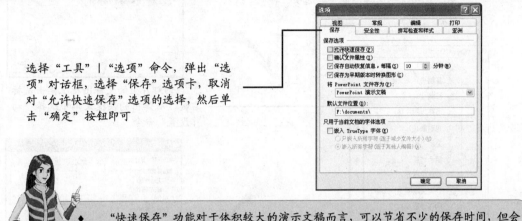

选择"工具"｜"选项"命令，弹出"选项"对话框，选择"保存"选项卡，取消对"允许快速保存"选项的选择，然后单击"确定"按钮即可

◆ "快速保存"功能对于体积较大的演示文稿而言，可以节省不少的保存时间，但会增大文件体积，用户应根据实际需要权衡其利弊。

经验交流

11.3.11 避免 Flash 引发幻灯片病毒提示

有时在播放 PowerPoint 幻灯片时，如果幻灯片中含有 Flash 影片的超链接，会出现一个病毒提示，这时系统会发出响亮的警报声音，其实这是可以避免的，具体操作步骤如下。

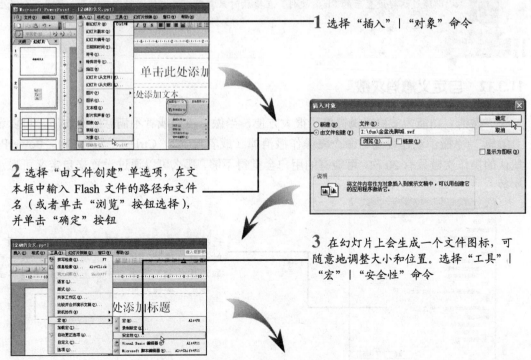

1 选择"插入"｜"对象"命令

2 选择"由文件创建"单选项，在文本框中输入 Flash 文件的路径和文件名（或者单击"浏览"按钮选择），并单击"确定"按钮

3 在幻灯片上会生成一个文件图标，可随意地调整大小和位置。选择"工具"｜"宏"｜"安全性"命令

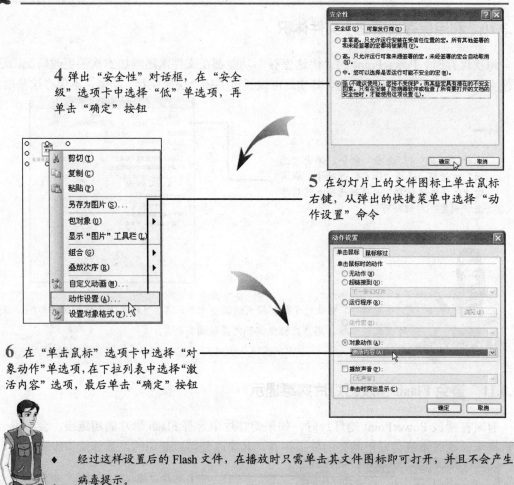

4 弹出"安全性"对话框，在"安全级"选项卡中选择"低"单选项，再单击"确定"按钮

5 在幻灯片上的文件图标上单击鼠标右键，从弹出的快捷菜单中选择"动作设置"命令

6 在"单击鼠标"选项卡中选择"对象动作"单选项，在下拉列表中选择"激活内容"选项，最后单击"确定"按钮

◆ 经过这样设置后的 Flash 文件，在播放时只需单击其文件图标即可打开，并且不会产生病毒提示。

一点就透

11.3.12 自定义撤消次数

"撤消"功能为文稿编辑提供了很大方便，当做了错误或者不满意的操作后，可以选择"编辑"|"撤消动作设置"命令将操作撤消掉（或者按下 "Ctrl+Z"组合键）。PowerPoint 默认的操作次数只有 20 次，可能有的用户会觉得不够，那么可以通过设置来自定义可撤消的次数。

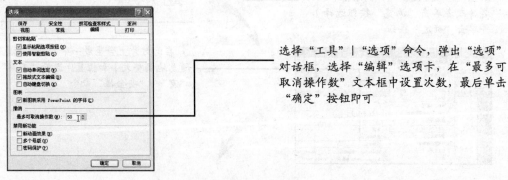

选择"工具"|"选项"命令，弹出"选项"对话框，选择"编辑"选项卡，在"最多可取消操作数"文本框中设置次数，最后单击"确定"按钮即可